情有所归 真心不凡

拥有浪漫的情怀

主编 拾 月
编著 陈志华

图书在版编目（CIP）数据

情有所归 真心不凡：拥有浪漫的情怀 / 陈志华编著. -- 北京：现代出版社, 2015.4
ISBN 978-7-5143-3499-9

Ⅰ. ①情… Ⅱ. ①陈… Ⅲ. ①个人 – 修养 – 青少年读物 Ⅳ. ①B825-49

中国版本图书馆 CIP 数据核字(2015)第 067928 号

情有所归 真心不凡：拥有浪漫的情怀

主　　编　拾　月
编　　著　陈志华
责任编辑　王敬一
内文制作　诚美天下文化传播有限公司
出版发行　现代出版社
地　　址　北京市安定门外安华里 504 号
邮　　编　100011
电　　话　(010)64267325
传　　真　(010)64245264
邮　　箱　xiandai@cnpitc.com.cn
网　　址　www.1980xd.com
印　　刷　三河市华晨印务有限公司
开　　本　700mmx1000mm　1/16
印　　张　9
版　　次　2015 年 5 月第 1 版　2021 年 3 月第 3 次印刷
书　　号　ISBN 978-7-5143-3499-9
定　　价　29.80 元

前言

每个青少年，都是这个社会中宝贵的财富，正所谓“少年强则国强”，大至一个民族、一个国家，小至一个家庭、一个家族，都应重视青少年的教育问题。除此之外，也应该重视青少年在这个青春期里，是否能够感受到人世间的善、恶、美、丑。在每个人的人生中，除了需要自身独特的性格之外，还需要拥有感受世界的能力。

勇气、淡定，是面对生活中挫折和荣耀时，该拥有的魄力和态度。

浪漫、珍惜，是成长路上的一种幸福，情感路上的一种懂得。

孝道、感恩，是乌鸦反哺、羔羊跪乳的做人之本，是成就阳光人生的支点。

紧张、守候，是释放无形压力，是量变到质变的成功。

大气、做人，是超凡脱俗后的快乐，是收获友情的聚宝盆。

青春，是每一个人最美好的一段时光，是人格、性格定型的重要阶段。在这个时期，我们需要享受青春的快乐，同时也需要完成自我塑造。通过心理自助，最终从一个小男生、小女生逐渐成长为一个有着健全人格的人，成长为一个对社会、对家庭、对自我有着相对完整认知的人，对自己的未来做主的人，这才是一个最充实、最有价值的青春。每个梦想都值得我们认真对待，每个青少年都是未来的希望。在青春中，我们不仅要有欢乐，同时也要拥有未来！

本丛书是你化解烦恼的“心灵鸡汤”，可以给你快乐的心理自助；本丛书会让你认识到：掌控心理，方能掌控世界；改变自己，才能改变一切。本丛书还将告诉你：只有实现积极的心理自助，才能收获快乐而充实的青春。

目录

第一篇 浪漫，是一种灵性的浮现

第二篇 艺术细胞是情绪的华丽衣裳

第三篇 用一个又一个惊喜来点缀生活

目录

第四篇 内心有期待，生活极具动力

第五篇 专注细节，享受每一段过程

第一篇

浪漫，是一种灵性的浮现

浪漫在生活中无处不在，它是一种灵性的浮现。只要我们用心品味生活中的点点滴滴，时刻洋溢着美好的微笑，就会有属于自己的美好情怀，让我们心怀浪漫，生活变得更加丰富多彩起来吧！

浪漫之情取决于美好心境

故事话题

有一个老太太，她有两个女儿，大女儿是染布的，二女儿是卖伞的，她整天为两个女儿发愁。

天一下雨，她就会为大女儿发愁，因为不能晒布了；天一放晴，她就会为二女儿发愁，因为不下雨二女儿的伞就卖不出去。老太太总是愁眉紧锁，没有一天开心的日子，这使得她疾病缠身，骨瘦如柴。

一位哲学家知道这件事情之后告诉这个老太太："为什么不反过来想呢？天一下雨，你就为二女儿高兴，因为她可以卖伞了；天一放晴，你就为大女儿高兴，因为她可以晒布了。"

在哲学家的开导下，老太太以后每天都开开心心的，身体自然也健康起来了。

故事解析

在很多时候，我们的心境决定我们幸福的程度，就像故事里的老太太一样，面对同样的情况，心境有所转换，笑容就变多了。我们要想获得更多的幸福感，就要像故事里的老太太一样，保持美好的心境，这样的话，再不如意的生活也会瞬间感觉变得甜美浪漫起来。

浪漫之情取决于美好心境，只要美好的心境在，哪怕每天食用粗茶淡饭、居住在偏僻陋舍、行走在泥路木桥也会感觉心情特别舒畅。而如果我们每天都处于悲伤之中的话，再美丽的风景也不会有心思去欣赏。

故事穿越

一只蜘蛛在断墙处结了网，把家安在了这里，但是，它的生活并没有因此而获得安宁，因为它常常会遭遇狂风暴雨的袭击。

有一天，大雨来临，这只蜘蛛的网再一次遭受劫难。大雨刚过，这只蜘蛛便艰难地爬向墙上支离破碎的网。由于墙壁潮湿，它爬到一定的高度便会掉下来。它一次次地向上爬，然后又一次次地掉下来……

一直在屋檐下避雨的三个人都看到了蜘蛛爬上去又掉下来的情景，开始讨论起来，他们的观点大不一样。

第一个人看到后，叹了一口气说:"哎，我的一生不就像这只蜘蛛吗？我们的境况是一模一样的，虽然一直都在忙忙碌碌，但是却一无所得。看来我的命运和这只蜘蛛一样也是无法改变的。"于是，他继续沉迷于颓废之中，更加消沉了。

第二个人在一旁静静地观察了一会儿，不屑一顾地说道:"这只蜘蛛真是蠢极了，它为什么不绕一下后从旁边干燥的地方爬上去呢？以后我可不能像它那样蠢。再遇到棘手的问题我一定要认真思考,不能一味地埋头苦干，要尽量寻找到解决问题的捷径。"从此，他变得更加聪明了。

第三个人目不转睛地看着这只屡败屡战的蜘蛛，他的心灵为之深深地震撼了，他心想:"一只小小的蜘蛛居然可以有如此执著而顽强的精神。我真应该向这只蜘蛛学习!"受到这只蜘蛛的启发后，他变得坚强无比。

故事微语

不同的心境造就不同的选择，面对同样的一件事情，有的人做出的选择是消沉；有的人做出的选择是聪明；有的人做出的选择是坚强。同样一件事情，三个人的选择为什么会有这么大的差距呢？原因就是他们的心境不一样。

我们在面对一件事情的时候，要尽量让自己往好的一方面发展，这就要求我们具有美好的心境。再浪漫的事情如果没有美好的心境也不会感觉得到。只要我们拥有美好的心境，浪漫之情便会不请自来。

心灵箴言

自信人生二百年，会当击水三千里。

——毛泽东

眼睛就是身上的灯。眼睛若明亮，全身就光明；眼睛若昏花，全身就黑暗。

——《圣经》

心态若改变，态度跟着改变；态度改变，习惯跟着改变；习惯改变，性格跟着改变；性格改变，人生就跟着改变。

——[美] 马斯洛

时刻洋溢着美好的微笑

故事话题

卡萨丁在一家报社任发行总监。他每次外出时，衣袋里都会揣上自己的名片。他的名片很特别，上面除了印有姓名和联系方式外，没有任何头衔，只印了一行醒目的字：“你微笑，世界也微笑！”每当他递出名片时，总能看到对方会心的微笑。

卡萨丁原先并没有做报纸发行，而是一家印刷厂的厂长。当时，他的事业做得如日中天，在他所在的城市，一提到他的企业，同行业的人都会竖起大拇指。卡萨丁经商有道，社交场合更是应付自如。但他总是不苟言笑，对待员工更是如此。时间一长，员工们背后都喊他为“老虎”。

卡萨丁的工厂在第五个年头时，出现了危机：厂里近四成的技术骨干纷纷跳槽了！卡萨丁发现了这一情况，立即采取了一系列的挽救措施——提高员工的工资和福利待遇、改善食堂的伙食等，可是这些努力都没有起到任何效果。

两年后，卡萨丁不得已把自己辛辛苦苦经营了七年的企业宣告破产了。毫不夸张地说，那段时间是卡萨丁一生中最灰暗的日子。

卡萨丁沉默了许多天，他经常面对着湖面痴痴地想。一个月后，卡萨丁走出了破产的阴影，决定重新创业，并且成功地应聘到一家晚报负责发行。

卡萨丁说他找到了上次创业失败的症结所在——缺乏微笑。于是，卡萨丁印制了全报社独一无二的“微笑名片”，外出发行时也是春风满面。微笑，成了他给客户的第一印象。短短 8 个月的时间，卡萨丁就把业务做强做大了，发行报纸近 20 万份！报社老总因此也破格提拔卡萨丁为发行总监。

故事解析

“微笑”就是如此神奇，它让每个人都变得神采飞扬，它为很多人化解了愁苦，它是心与心的交接，是情与情的传递。所以，别再吝惜你的微笑，时刻洋溢着美好的微笑，你便会有了另一种生活，将会拥有一个崭新的自我，将会拓展出一片多彩的天空，也将会收获到更加甜美的果实！

有鲜花的地方，才会吸引蜜蜂和蝴蝶。有微笑的地方，才会产生真挚的感情。毫无疑问，几乎所有人都喜欢看到面带笑容的面孔。因此，时刻洋溢着美好的微笑会让你的生活变得更加精彩。

故事穿越

一位钢材行业的老板去拜谒一位德高望重的高人，他想请这个高人帮助自己的心灵解锁。

老板问：“您好，我想问一下，我勤勤恳恳地工作，聘请最优秀的高管，雇用最好的工人，拿出收入的四分之三用来给员工发工资，为什么我

的事业还是做不大呢？”

听了老板的话，这个高人也学着老板的腔调，眉头紧锁，一脸木然地把问题的皮球推给老板：“是啊，为什么呢？”

老板一脸痛苦状，哭笑不得地说：“都这时候了，您就别再捉弄我了。”

这个高人两眼圆睁，一脸铁青，表情恶狠狠地说：“我捉弄你了吗？”

老板慌忙回答：“您还说没有，您看看您的表情，还说没有捉弄我？”

这个高人爽朗地大笑起来，然后从背后的书架上取出一面铜镜递给老板说：“我不是在捉弄你，我是在学你啊！”

老板对镜一照，旋即捶胸顿足，原来这个高人刚才的表情，和自己现在的表情如出一辙。

这个高人接着说：“心头压着冰川的人，脸上也不会光彩照人，任何人都会拒你于千里之外；然而，心里装着炉火的人，任何人都不会忍心拒绝！”

老板恍然大悟，原来这个高人是在批评自己待人处世的方式和风格啊！

老板回到公司以后，立即给自己的团队定了这样一条企业管理格言：“一个优秀的人，他的脸上始终挂着微笑！”

故事微语

俗话说："一笑解千愁。"笑能让你驱散消极情绪，进而变得快乐、幸福起来。只有心里有阳光的人，才能感受到现实的阳光，如果自己总是苦着脸，那生活怎么可能美好起来呢？生活始终是一面镜子，当我们欢笑的时候，生活也在欢笑。

笑口常开，不卑不亢，时刻保持微笑，我们的人生会更加美好。微笑是一种很重要的修养，微笑可以让人感觉到亲切、鼓励和温馨。真正懂得微笑的人，总是容易获得比别人更多的机会，比别人更容易取得成功。从现在起，让我们时刻洋溢着美好的微笑吧！

心灵箴言

微笑乃是具有多重意义的语言。

——[瑞士] 卡尔·施皮特勒

真正值钱的是不花一文钱的微笑。

——[美] 查尔斯·史考勃

笑，是治病的偏方，是健康的使者。

——高士其

如果你在一天之中没有笑，那你这一天就算是白活了。

——[英] 莎士比亚

可以平平淡淡，也可以轰轰烈烈

故事话题

李白在二十五岁的时候已经成为了一个多才多艺的人。他不仅能诗善文，而且击剑骑马、弹琴唱歌样样在行。

李白决心为国家做出一番贡献，让自己的人生变得轰轰烈烈起来，便对父亲说："孩儿打算离家到外面去长长见识。"

父亲回答说："还是在家读读书，有机会找个事做吧，何必远离家乡外出呢？"

李白豪情满怀地说："大丈夫活在世上，应该志在四方，胸怀天下。待在家乡怕是没法施展我的才能。出去以后，一来可以游历各地，结交名士；二来也可以寻找机会，辅助皇上。"

父亲听了，便笑呵呵地说道："好，你既然有这样的抱负，那就出去闯闯吧！"

过了几天，李白告别了父母，带着自己的宝剑，上路了。

李白乘船沿着长江东下，在经过三峡的时候，江水湍急，船行似箭，李白站立船头，望着两岸的青山，心中十分激动。后来他写过好几首描写三峡风光的诗。

故事解析

李白选择的人生是轰轰烈烈，他为了实现这个人生方向，而离家到外面闯荡，进而才有了后来面对三峡风光而写出的众多令人拍案叫绝的诗句。

人生的路都是自己选择的，我们可以选择平平淡淡，也可以选择轰轰烈烈。这些生活方式没有好坏之分，谈不上哪一种生活更美好，我们要凭自己的性格和喜好选择更适合自己的生活方式。

故事穿越

公元前210年，秦始皇病逝了，秦始皇的小儿子胡亥即位，也就是秦二世。

秦二世是个昏庸而残暴的帝王。在他的统治下，百姓们的徭役赋税负担更为沉重，刑法更加苛毒。广大劳动人民在饥饿与死亡线上挣扎着。

公元前209年，秦二世下令征发淮河流域的900名农民去防守渔阳。

屯长被指定为佣农出身的陈胜和贫农出身的吴广。当他们走到蕲县大泽乡的时候，连绵的阴雨将他们阻隔在了这里，这使他们不能如期赶到渔阳戍地。按照秦法规定，误了期限就必须全部被处死。

押送陈胜和吴广的两个军尉非常凶暴，他们就借机把军尉杀掉了，然后对

大家说："各位遇到大雨，都已误期，误期要被处斩。即使不杀我们，而戍守边疆死的也有十之六七。何况壮士不死则已，既然要死，就要干出一番轰轰烈烈的事业来!"他们的斗志昂扬的话激励了戍卒们的斗志。大家推举陈胜为将军，吴广为都尉，打出了"伐无道，诛暴秦"的口号，组成了一支农民起义军。中国历史上第一次农民大起义因此爆发了。

为了扩大影响，夜晚的时候，陈胜和吴广在驻地附近神祠中燃篝火，作狐鸣，发出"大楚兴，陈胜王"的呼声，这被民间传为神话。

陈胜、吴广率领农民起义军，占领了大泽乡、攻下了蕲县，很快便攻占了五六个县城。起义军所到之处，贫苦的农民纷纷作出响应。之后，陈胜和吴广建立了"张楚"政权，陈胜为王。这是中国历史上第一个农民革命政权。

故事微语

陈胜和吴广的起义使他们的人生也变得轰轰烈烈起来。至此开始，他们的人生由平平淡淡转化为轰轰烈烈，这是他们给自己的人生做的选择。

有人认为精彩的人生就是轰轰烈烈、辉煌绚丽的一生；也有人认为“人生如水，有激越就有舒缓，人生如歌，有高亢必有低沉”，人生纵然有很多流芳溢彩，也必然有很多平平淡淡的柔美。其实轰轰烈烈是一种美，平平淡淡也是一种美，关键是看我们如何选择。

心灵箴言

我生来是为斗争的。

——[法] 罗曼·罗兰

男儿世间，及壮当封侯。

——岑参

人的一生可能燃烧也可能腐朽，我不能腐朽，我愿意燃烧起来！

——[苏联] 奥斯特洛夫斯基

每个人都有属于自己的美好情怀

故事话题

有一天，琳娜和丽莉娅一起携手到树林里去旅游。在走过一段令人疲倦的路程后，她们坐在草地上休息和吃饭。

琳娜和丽莉娅从随身携带的包里拿出面包、奶油、鸡蛋。当两个小姑娘吃完饭时，离她们不远处一只夜莺唱了起来。沉醉在这美妙的歌声里，琳娜与丽莉娅坐在草地上，一动也不动。

一会儿，夜莺停止了歌唱。

琳娜收起自己吃剩的东西和撕碎的包装纸，把它们扔进了灌木丛里。

而丽莉娅则把蛋壳和面包屑裹在报纸里，装进了包里。

“为什么你要把垃圾带回去？”琳娜说，“把它们扔进灌木丛里吧。要知道我们现在正身处树林里，谁也看不见。”

“可当着夜莺的面……我感到羞愧。”丽莉娅轻轻地说。

故事解析

每个人都有属于自己的美好情怀，即使在树林里，没有任何人可以看到，丽莉娅仍然坚持将垃圾带回去，不愿意破坏美好的森林，不愿意破坏自己在夜莺的心里面的形象。

只有心里面具有美好的情怀，才愿意让自己和自己珍爱的事物变得更美好。我们每个人的心里都渴望美好，渴望自己变得更美丽、更优秀，渴望自己喜爱的事物永远都不会遭受破坏。

故事穿越

在大森林的小道上走着两个人——爷爷和小孙子。天很热，他们都很想畅快地喝水。当他们旅行走到一条小河旁时，清凉的河水缓缓地流动，发出轻轻的潺潺声。他俩弯下身子，痛快地喝了起来。

“谢谢你，小河。”爷爷说。

小孙子笑了起来：“您为什么要对小河说‘谢谢’呢？要知道，小河不是活人，它听不到您的话，也不会接受您的感谢。”

“是这样吗？”爷爷说，“孩子，万物皆有灵气，小河里的水多好喝啊，你谢谢它，它就会唱更欢快的歌。”

故事微语

爷爷认为小河也是有灵性的，只要你感激它馈赠给自己水喝，它也会唱起更欢快的歌曲。其实，这来源于一份美好的心境。一个人如果具有美好的心境，万事万物都会变得生机勃勃，可爱起来。

只要有美好的情怀，鸟语花香皆会让我们感到无比的幸福。我们每个人所处的生存环境中都存在着许许多多美好的事物，只要我们有一双善于发现的眼睛就可以看到它们。

心灵箴言

梅虽逊雪三分白，雪却输梅一段香。

——卢梅坡

人生的价值，并不是用时间而使用浓度去衡量的。

——[俄] 列夫·托尔斯泰

人在智慧上应当是明豁的，道德上应当是清白的，身体上是洁净的。

——[俄] 契科夫

心怀浪漫，生活丰富多彩

故事话题

美国遗传学家缪勒从小就喜爱大自然，这与父亲的影响有很大关系。

每年夏天，缪勒的父亲总要带着全家人去阿达朗克达山或者哈德逊河畔度假。置身于大自然中，缪勒就会感到无比开心。

缪勒特别喜欢和父亲一起去散步，沿着小路向山上走去，时不时地停下来捕捉昆虫，采摘野花。父亲边走边讲一些缪勒似懂非懂的知识，比如达尔文的《进化论》、物质世界运转的规律等等。父子在这时候往往会谈很长的时间，走很远的路程。

有一次，缪勒在追逐一只蚱蜢的时候，一不小心，从高高的山坡上摔了下来，跌断了腿。

这个喜欢大自然的孩子在养伤期间就用动物的名字给为他看病的舅舅和他的同事们取绰号。缪勒称披头散发的舅舅莱昂斯是“狮子医生”，称高大威猛的布尔为“公牛医生”，称长着一张长脸、有一双灰眼睛的沃尔夫为“狼医生”。

每当他们来为缪勒疗伤的时候，缪勒便用动物的名称来呼唤他们，舅舅莱昂斯医生则回答说：“看来我不是人医，而是兽医了，正在给一只受伤的小动物看病。”缪勒听后，愉快地说：“您正给一只小虎崽看病。”说完，他们都哈哈大笑起来。

缪勒还会用毛毯的穗边编织各种各样的小动物，十分精巧。缪勒将捕捉来的蚱蜢、昆虫等小动物，有的制作成标本，有的精心喂养，给它们编笼子，喂食物，观察它们的习性。

故事解析

心怀浪漫，生活将变得丰富多彩。缪勒特别喜爱大自然，这让他的生活变得丰富多彩起来，让他多了一群动物朋友，了解了更多有关大自然的知识。

人生像绽放的花朵，它色彩缤纷，娇艳而美丽；人生像一首优美的乐曲，有它独特的旋律；人生像是一片海洋，里面的许多的奥秘需要我们去探究。只要我们心怀浪漫，我们的生活就无处不精彩。

故事穿越

1809年，达尔文出生在英国的施鲁斯伯里。达尔文从小就热爱大自然，虽然被父亲送进了医学院，他仍然经常到野外采集动植物标本。

1831年，达尔文从剑桥大学毕业。这年12月，英国政府组织了“贝格尔”号军舰的环球考察，达尔文以“博物学家”的身份，自费搭船，开始了环球考察活动。

达尔文每到一地便进行认真的考察研究，爬山涉水，采集矿物和动植物标本，挖掘生物化石，这让他发现了许多没有记载的新物种。

1832年1月，“贝格尔”号停泊在大西洋中的圣地亚哥岛。达尔文和他的助手爬到山上去收集岩石标本。

1832年2月底，“贝格尔”号到达巴西，达尔文上岸考察，并准备攀登南美洲的安第斯山。当他们爬到海拔4000多米的高山上时，达尔文意外地发现了贝壳化石。经过反复思索，他终于明白了地壳升降的道理。

后来，达尔文又随“贝格尔”号横渡太平洋，经过澳大利亚，越过印度洋，绕过好望角，终于在1836年10月回到英国。回国之后，达尔文一面整理这几年所积累的资料，一面又深入实践，同时，查阅了大量书籍。

1842年，达尔文第一次写出《物种起源》的简要提纲。达尔文经过20多年研究，终于在1859年11月出版了《物种起源》。

紧接着，达尔文又开始投入到了《动物和植物在家养下的变异》的写作之中，并很快出版这部巨著。

晚年的达尔文，连续出版了《人类的由来》等很多巨著。达尔文认为“他一生中主要的乐趣和唯一的事业”就是他的科学著作。

故事微语

达尔文为自己热爱的大自然付出了特别特别多的精力，也从中得到了他人生中“主要的乐趣和唯一的事业”，他的生活是丰富多彩的，他的心是浪漫的。

大自然就像一条无比绚烂的彩虹，一支悠扬婉转的乐曲。大自然里有美丽的花朵、茂盛的树木、歌唱的鸟儿、飞舞的蝴蝶……只要我们心怀浪漫地经常和大自然进行亲密接触，我们的生活将变得更加丰富多彩。

心灵箴言

真正的快乐是对生活的乐观，对工作的愉快，对事业的兴奋。

——[美] 爱因斯坦

对于那些内心充溢快乐的人们而言，所有的过程都是美妙的。

——[美] 罗莎琳·德卡斯奥

快乐的秘诀是：让搜索兴趣尽可能地扩张，对人对物的反应尽可能出自善意而不是恶意的兴趣。

——[英] 罗素

第二篇

艺术细胞是情绪的华丽衣裳

读书是人生中的一门最不缺少的功课，阅读书籍可以帮我们增强艺术细胞。书是灯，读书照亮了黑暗中的路；书是桥，读书接通了彼此的岸；书是帆，读书推动了前进的船。艺术细胞是情绪的华丽衣裳，我们要努力去增强自己的艺术细胞。

努力培养自己的艺术细胞

故事话题

徐悲鸿出身在农村，家境清贫。父亲徐达章是个村塾教师，擅长花鸟、人物画。徐悲鸿在父亲的耳濡目染下，自幼对绘画发生了浓厚兴趣。

徐悲鸿 9 岁开始随父学画，10 岁的时候已经成为父亲的助手。徐悲鸿在 13 岁的时候遇上大荒之年，跟随父亲走江湖，依靠写字卖画为生。

徐悲鸿 17 岁时，父亲染上重病，八口之家的生活重担，从此落到了徐悲鸿的肩上。徐悲鸿在小学、中学担任图画教师，也到上海等地靠卖画为生。在徐悲鸿 19 岁那年，父亲去世，家境愈加贫困。

1915 年徐悲鸿再次赴沪，在友人帮助下，在“暇余总会”借住，刻苦创作，同时去夜校学习法文。徐悲鸿画了一匹马，寄给审美书馆馆长高剑父。他的弟弟高奇峰十分赞赏徐悲鸿的画艺。

此时，徐悲鸿考取了复旦大学，在高奇峰的资助下得以入学。后又结识了康有为，得到机会观摩他所收藏的碑帖，同时在艺术观上也受到康有为的影响。

1917 年徐悲鸿赴日本东京研究美术，后应蔡元培之邀任北京大学画法研究会导师，并结识陈师曾。

1919 年徐悲鸿赴法留学。在著名画家达仰的画室学习素描。

1921 年徐悲鸿赴德国，就学于画家康普的画室，1922 归巴黎。1925 年经新加坡回国。1926 年春，他再去巴黎，又赴比利时布鲁塞尔临画，游历瑞士、意大利。

徐悲鸿一生创作作品达数千件，培养和发现了一大批优秀的美术人才。

故事解析

徐悲鸿之所以成为一代画家，与自己的勤奋和努力是分不开的。他从小便努力培养自己的艺术细胞，不仅赴多个国家进行留学，还向很多画家进行了学习。

对于大部分人来说，拥有某一方面的艺术细胞是不客观的。但是完全可以通过刻苦的学习、思考、钻研而在艺术方面有一定造诣。即使是有艺术天分的人，如果不注意学习创新，他的艺术细胞也不会发生太多的作用。

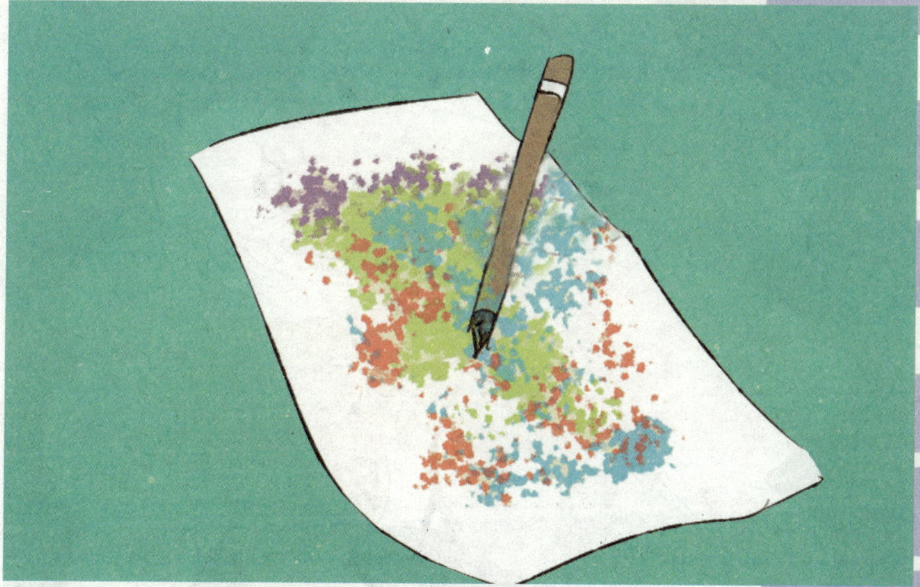

故事穿越

1732 年 4 月 1 日，海顿出生于奥地利南方的罗劳村。

海顿的父母亲都是普通的劳动者，却都热爱音乐，所以海顿从小有机会受到音乐的熏陶。海顿的家境贫苦，为了学习音乐，他在六岁那年就离开父母到了维也纳。

海顿八岁那年，被著名的维也纳圣斯蒂芬教堂唱诗班选中。在这里，他刻苦地学习音乐理论与钢琴。随着年龄的增长，从 16 岁起海顿那甜美的歌喉开始逐渐沙哑。

1749年的一天，奥地利女皇在欣赏海顿他们的合唱时，突然从合唱队里传出一声很不协调的怪音，女皇当场便挖苦道："这个孩子的声音听起来就像乌鸦叫！"从此，海顿被逐出了教堂，被迫流落街头，靠拉琴卖艺糊口谋生。

为了生活，他当过仆人，做过家庭教师，写过歌剧，作过大提琴手，任过乐队队长。1759年，海顿成为波希米亚伯爵莫辛的小教堂唱诗班的音乐指导。

虽然生活困窘，但海顿依然十分热爱音乐，他努力学习音乐，终于得到了匈牙利贵族保尔·艾斯特哈齐的帮助，成为这位侯爵的宫廷乐师。

故事微语

海顿和徐悲鸿一样自小便努力培养自己的艺术细胞，即使是在生活极度困难的情况下，也没有放弃自己对艺术的追求。

我们如果也想成为艺术家，就要像他们一样，努力培养自己的艺术细胞。正如贝多芬所说的："领悟音乐的人，能从一切世俗的烦恼中超脱出来。"相信只要我们的身体里面充满了音乐细胞，我们的人生将变得更加单纯而宁静。

心灵箴言

艺术使自然更完美。

——[英] 雷诺兹

诚实是艺术的最大要素。只要总对自己诚实，艺术就总在那里。

——[德] 柯尼利亚

艺术不是技艺，它是艺术家体验了的感情的传达。艺术的敌人就是不学无术。

——[英] 塞·约翰逊

品味大人物们的浪漫情怀

故事话题

一个傍晚，贝多芬在郊外散步的时候，忽然听到远处一间简陋的木屋里传来阵阵琴声，那首曲子正是他创作的一首钢琴曲，尽管乐曲非常艰深，但却可以听的出演奏者对曲子的演奏十分投入。

贝多芬停下来听了一会儿之后，便敲门走进了小木屋。屋里没有点灯，在昏暗的光线中，一位衣衫褴褛、身体瘦弱的少女正在一架破旧的钢琴上弹奏。听到有人进来，她停了下来，贝多芬这才发现她是一个眼盲的少女，不禁心生怜惜。

少女的哥哥是个穷鞋匠，他说这首乐曲是他的妹妹在听了附近贵族家的演奏后记住的，这令贝多芬十分感动，于是他便在这架破旧的钢琴上弹奏起了少女刚才弹奏的那首乐曲。

皎洁的月光从窗口照射进来，盲眼少女被贝多芬的音乐感动得热泪满颊，此情此景令贝多芬乐思泉涌，《月光奏鸣曲》 由此诞生。

故事解析

贝多芬是具有浪漫情怀的，他曾经写了那么多美好的曲子供人陶醉、欣赏。面对盲眼的少女，他能放下身段，在破旧的钢琴上为少女弹奏一曲少女刚刚弹奏过的曲子，本身就是一种浪漫。

浪漫是人们由内而外散发出来的一种生活气质，清纯透亮的像白葡萄酒。浪漫的关键在于是否拥有浪漫情怀。浪漫的形式是多种多样的，并不拘泥于某种形式之中。

故事穿越

美国著名影星玛丽莲·梦露的墓志铭是“37，22，35，R.I.P”，当时许多人都不明白这是什么意思，最终这个谜底由梦露研究会揭开，这三个数字是梦露的胸围、腰围和臀围的英寸数，缩写字母的意思是在此长眠。

玛丽莲·梦露生前最大的嗜好是爱美，她用这几个数字将自己钟爱的形体永久记录了下来。

故事微语

很多人一生都在追求浪漫，这甚至还体现在他们的墓志铭上。正如爱美的玛丽莲·梦露将自己三围的尺寸刻在墓志铭上。

浪漫情怀是一种宽广而博大的人生情怀。是一种有诗意、有激情、有幻想的人生态度和价值取向。大人物们的浪漫情怀时刻都体现在生活当中，这已经成为他们的感情的自然流露，既不是做作，也不是刻意为之的表现。

心灵箴言

和我一起慢慢变老吧！最好的日子还在后头。

——[英] 罗伯特·布朗宁

不论我们的灵魂是什么做成的，他的和我的是一模一样的。

——[英] 艾米莉·勃朗特

嘘！那边窗户里亮起的是什么光？哦，那是东方，朱丽叶就是太阳！

——[英] 莎士比亚

艺术成就是勤学苦练的结果

故事话题

颜真卿为了学习书法，起初向褚遂良学习，后来又拜在张旭门下。张旭是当时首屈一指的大书法家，各种字体都会写，尤其擅长草书。颜真卿希望自己能够在他的指点下，很快学到写字的窍门，从而一举成名。

但拜师以后，张旭却完全没有透露书法的秘诀。他只是给颜真卿介绍了很多的名家字帖，简单地指点了一下字帖的特点，然后便让颜真卿临摹。

有时候，张旭还会带着颜真卿去爬山，去游水，去赶集，去看戏，回家后便让颜真卿练字，或看他挥毫疾书。

转眼几个月过去了，颜真卿没能得到老师的书法秘诀，心里特别着急，便决定直接向老师提出要求。

一天，颜真卿壮着胆子，满脸通红地说："学生有一事相求，请老师传授书法秘诀。"

张旭回答说："学习书法，一要'工学'，即勤学苦练；二要'领悟'，即从自然万象中接受启发。这些我不是多次告诉过你了吗？"

颜真卿听后，以为老师不愿意传授秘诀，又向前迈了一步，施礼恳求道："老师说的'工学'，'领悟'，这些道理我都知道了，我现在最需要的是老师行笔落墨的绝技秘方，请老师指教。"

张旭耐着性子继续给他讲述了书圣王羲之教儿子王献之练字的故事，然后严肃地说："学习书法要说有什么'秘诀'的话，那就是勤学苦练。要记住，不下苦功的人，不会有任何成就。"

老师的教诲，令颜真卿大受启发，他这才真正明白了为学之道。从此，他勤学苦练，潜心钻研，从生活中领悟运笔神韵，进步飞快，终于成为一位大书法家，为四大书法家之首。

故事解析

颜真卿之所以能够取得那么大的艺术成就和自身的努力是分不开的，正如王羲之的书法成就和公孙大娘的舞剑成就都来源于勤学苦练一样。

一个人要想获得艺术成就，就一定要付出百倍的努力。张旭曾经说的：“学习书法要说有什么‘秘诀’的话，那就是勤学苦练。要记住，不下苦功的人，不会有任何成就。”当然，不仅是书法，其他任何艺术成就的取得都离不开平日里的勤学苦练。

故事穿越

达·芬奇在十四岁那年，到佛罗伦斯拜在了著名艺术家弗罗基俄的门下。

弗罗基俄是一位特别严格的老师，他给达·芬奇上的第一堂课是画鸡蛋。

开始的时候，达·芬奇画得很有兴致，可是之后的第二课，第三课，……老师还是依然让达·芬奇画鸡蛋，这让达·芬奇想不通了，小小的鸡蛋，有什么好画的？

有一次，达·芬奇问老师：“您为什么总是让我画鸡蛋？”

老师回答他：“鸡蛋虽然普通，但天下没有绝对一样的鸡蛋，即使是同一个鸡蛋，角度不同，投来的光线不同，画出来的效果也不一样，因此，画鸡蛋是作画的基本功。基本功要练到画笔能圆熟地听从大脑的指挥，得心应手，才算功夫到家。”

达·芬奇听了老师的话，大受启发。他每天拿着鸡蛋，一丝不苟地作画。一年，二年，三年……达·芬奇画鸡蛋用的草纸，已经堆得特别高了。他的艺术水平也很快地超过了弗罗基俄，终于成为伟大的艺术家。

故事微语

达·芬奇是举世闻名的艺术家，但是在刚开始学画的时候，仅仅画鸡蛋用的草纸就堆得很高，这也说明了艺术成就是勤学苦练的结果。所有的艺术成就都必须是通过勤学苦练才能得到的，没有谁生下来便是艺术家。

正如宗白华所说的：“艺术是精神和物质的奋斗。”要想成为艺术家，就必须为此付出百倍的努力。

心灵箴言

在艺术作品中，最富有意义的部分即是技巧以外的个性。

——林语堂

学是社会现象经过创造过程的反映；反过来，社会要受到文学的创造性的影响被塑造。社会向文学提供素材，文学向社会提供规范。

——郭沫若

人们最高精神的连锁是文学，使无数弱小的心团结而为大心，是文学独具有力量。文学能揭穿黑暗，迎接光明，使人们抛弃卑鄙和浅薄，趋向高尚和精深。

——叶圣陶

多读书，从中摄取广博知识

故事话题

鲁迅从小读书便十分刻苦。少年时，鲁迅在江南水师学堂读书，第一学期取得了十分优异的成绩，学校奖给他一枚金质奖章。

鲁迅立即拿到南京鼓楼街头卖掉，然后用这些钱买了几本书，又买了一串红辣椒。

每当天气十分寒冷的时候，夜读难耐，鲁迅便摘下一颗辣椒，放在嘴里嚼着，直到辣得额头冒汗。鲁迅就用这种办法驱寒坚持读书。由于读书特别多，鲁迅后来终于成为我国著名的文学家。

故事解析

读书是获得知识的重要途径，对于大部分人来说，经常挤出一些时间用于读书学习是很有必要的。读书不仅可以充实我们的生活，净化化我们的心灵，提升我们生活的品味，还可以提高我们的工作能力和处理事情的水平。

俗话说：“书中自有黄金屋，书中自有颜如玉。”人的生命毕竟是有限的，不要将时光浪费在无聊的事情当中。多读书吧，让我们从书中摄取到广博的知识，这将会迅速丰富我们的视野，掌握更多的知识。

故事穿越

东晋有个叫车胤的人，年幼时便特别爱读书。他白天帮大人干活，夜晚捧书苦读。可是由于家境贫寒，常常没钱买油灯，因此便没法读书了。他为此十分苦恼。

一个夏夜的晚上，车胤正坐在院子里回忆着上次读过的书上的内容，忽然发现院子里有很多萤火虫正一闪一闪地在空中飞舞。他灵机一动：要是将这些萤火虫聚集在一起，借它们的光不就可以读书吗？于是，车胤便开始捉萤火虫，捉了十几只，然后将它们装在白纱布缝制的口袋里，挂在案头。从此，他晚上便借着萤光读书。

故事微语

读书是一种提升自我的重要途径。“玉不琢不成器，人不学不知道。”读诗使人高雅，读史使人明智。俗话说：“读万卷书，行万里路。”每一木书都会带给我们不同的收获。“悬梁刺股”、“萤窗映雪”，勤奋读书可以提升自我的知识面。

读书是一种充实自我的艺术，书本是人生最大的财富。犹太人从小便教育孩子们：要让甜蜜充满人生就要读书。读书是人生中最难得的存折，一点一滴地积累之后，便能做一个内心富足的人。

心灵箴言

书卷多情似故人，晨昏忧乐每相亲。

——于谦

黑发不知勤学早，白首方悔读书迟。

——颜真卿

熟读唐诗三百首，不会作诗也会吟。

——孙洙

刻苦读书，积累资料，这是治学的基础。

——秦牧

读书之利，在于成才，成才之利，益众及身。

——方海权

去旅行，看一看最美丽的景色

故事话题

罗杰斯是华尔街上的金融界骄子，然而心里却一直埋藏着环游世界的儿时梦想。他常常说：“我儿时就梦想着有朝一日能够骑着摩托车环游世界”。

罗杰斯相信，在耶鲁和牛津大学期间密集学习的地理学、政治学、经济学和历史学之间的相互关系能让自己在旅行和投资中派上用场。就这样，罗杰斯找到了环游和投资之间的契合点，开始一步一步接近自己儿时的梦想。

更为浪漫的是，罗杰斯还说服了女友塔碧莎一起来实现这个梦想。罗杰斯还和塔碧莎在1988年带着两个包，骑着摩托车，行程5000英里，穿越了巴基斯坦和印度。在伴侣的支持下，罗杰斯的梦想显得更加耀眼。

“在出发之前，我们就已经做好了不能回来的准备，我很高兴能活着回来。我喜欢冒险，哪怕失去生命也不怕。”1990年3月25日，罗杰斯开始了环球之旅。在贝尔格莱德，他们感受了衰败；在中欧，遭遇车坠悬崖的厄运；在西伯利亚，经历了荒芜人烟的路况；在非洲，经历了在夹击下的逃亡；在南美，更是遭遇了杀人如麻的游击队。但这些在罗杰斯眼里始终都透露着浪漫。

“如果我在追逐梦想中愉快地死去，这种死法胜过将来死在华尔街。”尽管历经坎坷，但出于天性，罗杰斯仍旧关注着具有前景的投资机会，在土耳其，他发现在中央强烈干预经济的体制下，过高的价位不值得投资；在奥地利，他预见沉睡的股票市场会因为周边国家的经济复苏而蓬勃发展，于是大举投资奥地利股票并获利颇丰；在智利，他预见自由化改革的阵痛将给该国带来长久繁荣；在利马，他预见废除不合理债券将恢复秘鲁的昔日繁荣；在中国，处处都显示着这条曾经沉睡的东方大龙正在苏醒。

故事解析

旅行对每个人来说都有不同的意义，罗杰斯的旅行是为了实现儿时的梦想，还可以在旅行中感受浪漫。行万里路，看看最美丽的景色，不仅可以陶冶身心，还可以开阔眼界。让我们了解这个世界的神奇和美妙。

现在社会发展越来越快，人们的生活节奏也越来越快。让我们尝试着让自己放松下来，去旅行吧，细细地品味美景，让自己的生活变得淡然轻松起来。

故事穿越

唐朝的一个秋天，二十多岁的杜甫，到京城长安参加进士考试，结果榜上无名。

但是，这并没有使这位才华横溢的青年诗人消沉下来，反而更积极地投入到了对大自然的探寻之中，杜甫来到了山东一带继续他的旅游生活，他决心攀登向往已久的东岳泰山。

经过艰苦的登攀，杜甫终于爬到了泰山顶上，实现了“会当凌绝顶”的愿望。他站在日观峰头，昂首天外，纵目环视，顿时感觉心旷神怡。在这里，他真正体验到了“孔子登东山而小齐鲁，登泰山而小天下”这句名言的含义。

这次登泰山，使杜甫经历了一次前所未有的体力与意志的锻炼，而且大大加深了他对生活的体验，扩展了他的思想境界，给杜甫留下了不可泯灭的印象。

故事微语

旅行的意义有很多，比如开阔眼界、陶冶情操、锻炼意志和身体等。世界是一本书，不懂得旅行的人只能看到书中的一部分内容。

每个人心里都有一座大山，都想翻过这座山去看看外面的世界。其实，很多时候，旅行的意义就在于这是心的旅程。

美景不仅仅是目的地，还应该是在路上，旅行的目的也不应该仅仅是到达目的地，还应该在于感受沿途的风景。

旅行，不仅应该是脚和眼的感受，更应该是心的感受。真正的旅行是一种生活态度，是体验一种从未有过的人生。

心灵箴言

旅行教给人们宽容之美德。

——[美] 爱利克

旅游使智者更智，愚者更昧。

——[美] 托·富勒

旅行是真正的知识最伟大的发源地。

——杜南

旅行对我来说，是恢复青春活力的源泉。

——[丹麦] 安徒生

旅游的作用就是用现实来约束想像：不是去想事情会是怎样的，而是去看它们实际上是怎样的。

——[美] 约翰逊

第三篇

用一个又一个惊喜来点缀生活

惊喜是每个人都渴望得到的，它可以将我们的生活点缀的更加丰富多彩。我们可以在日常生活中为他人制造惊喜，让快乐充满我们的周围。大千世界，惊喜无处不在，只要我们善于发现，生活中将无处不有惊喜。

生活中时刻需要创新精神

故事话题

某集团企业要招聘一位策划。因为给出的薪水特别高，所以前来应聘的人特别多。

有位应届大学毕业生前去应聘。当他赶到现场的时候，招聘人员发给他是 52 号。没办法，他只好在那里等着面试。但是，他又怕这样一直等下去，还没轮到自己面试，就传出有人已经被录取了的消息。俗话不是说“被动就要挨打”吗？还是主动出击比较好。

随后，他认认真真的写了一行字，折叠起来让人帮忙传了进去。应聘的人还以为是有人走后门写了什么条子，都用鄙视的目光看着他。

谁知，当主考官接到条子后，便笑了。旋即，便向应聘的人群说：“我刚接到一张条子，我给大家念一下：‘尊敬的主考官老师，请您不要在没见到 52 号之前就做出用人的决定。谢谢！’我们集团要寻求的，就是这位创新的人才！”

应聘的人群知趣地散开了。52 号青年如愿以偿了。

52号
录用

故事解析

创新已成为时代的旗帜，学习也已经渐渐成为人们实现自我的途径了。我们的生活中时时刻刻都需要有创新精神，创新可以让我们的生活变得更加丰富多彩，让我们的人生之路变得越加广阔无垠。

在生活中，要想获得成功，创新是必不可少的。只有勇于创新，时刻充满创新精神，不将自己束缚在传统之内，才会更易成功。

故事穿越

一个私立学院要招聘一位院长。通过了一系列的基础考试和理论考试后，终于进入到了面试的程序。竞争到了白热化的程度。十几位选手中的一位其貌不扬的女同胞竟然脱颖而出。人们都觉得奇怪，都想知道这究竟是什么原因。

事情原来是这样的：

这位女士在面试的时候是这样谈论自己的想法的。她说：“我小的时候，就梦想着能够成为一个伟人。大学毕业之后，就实际多了，当伟人实在太难了，基本就是不可能的。于是，我又开始想，当不了伟人，当伟人的夫人也行啊！可是，伟人的夫人这条路也太难了，我也当不上。最后，我更实际了，那时候我就发誓，用自己毕生的精力和辛勤的汗水去培养出伟人！”

为此，考官们破例给她鼓起掌来。

故事微语

创新可能会改变我们自己的生活境遇，其貌不扬的女同胞通过讲述自己的心路历程赢得了考官们的一致认同。这样比其他正规的面试取得的效果要好得多，不仅更容易引起共鸣，还更容易引起对方的重视。

我们在生活中也要经常发挥自己的创新精神，对待事物无需刻板，灵活创新的对待，有时候会取得更好的效果。

心灵箴言

创新是科学房屋的生命力。

——[美] 阿西莫夫

对新的对象必须创出全新的概念。

——[法] 柏格森

凡能独立工作的人，一定能对自己的工作开辟一条新的路线。

——吴有训

对于创新来说，方法就是新的世界，最重要的不是知识，而是思路。

——郎加明

对于一个艺术家来说，如果能够打破常规，完全自由进行创作，其成绩往往会是惊人的。

——[英] 卓别林

敢于做一个与众不同的人

故事话题

爱迪生是美国著名的发明家，他在小的时候只上了几个月的学，便被辱骂为“蠢钝糊涂”的“低能儿”，因此退学了。

爱迪生眼泪汪汪地回到家，要求妈妈教自己读书，并下决心：长大了，一定要在世界上做出一番事业。

爱迪生在家里喜欢做一些奇奇怪怪的小试验，有时难免要闹点笑话，出点小乱子。父亲便不许他再搞小实验了，爱迪生急得直说：“我要不做实验，怎么能研究学问？怎么能做出一番事业来呢？”爸爸、妈妈在听了他的话后，感动得只好收回“禁令”。

故事解析

爱迪生就是一个与众不同的人，虽然被辱骂为“蠢钝糊涂”的“低能儿”，并退学了，他依然有自己追求一番事业的理想，并努力付诸以实践。

每个人都是与众不同的人，都会有自己的思维，有自己擅长的领域，有自己喜爱的生存方式。我们没有必要追逐其他人眼中的完美，没有必要复制其他人的生活方式，因为我们本身就是独一无二的，有自己的特征，有自己的幸福指标，别人幸福的模式不一定能够和我们的幸福模式相匹配。

故事穿越

某市经侦队对新进的一批经侦人员进行了业务培训。培训期间，学员们组织了一个足球队。经侦队的领导下班后，常来看他们打足球。教官们便悄悄地告诉他们，要在球场上好好表现，经侦队的领导对他们每个人的印象，将会决定他们集训后的岗位分配。

年轻的小伙子们明白，他们职业生涯中第一次竞争已经无声地拉开了序幕。于是在认真受训之余，他们都在足球场上也拼命地表现自己。每个人都希望通过自己出色的技术动作、团结合作的踢球精神引起经侦队的领导的注意。

当别人在足球场上越战越勇时，他们中有一个学员却越来越灰心，他

从小就对足球不感兴趣。他的足球技术却是特别差，每当他上场开始踢球后，观众席里就会因为他的失误传出阵阵笑声。有一次，他分明看到领导朝着他的方向摇头。

他不想当别人的笑料，也不甘心自己的技术之差，下决心苦练球技。每天，一有空闲，他就会到足球场里练习。可他发现，如果没有天赋和兴趣，压力再大，他也没法踢好球。比赛时，他被人嘲笑成为了家常便饭。他对自己感到失望了，他不甘心，自己刚一上班，就成了领导和同事眼中的小角色。

有一天，他无意之中看了一本书，书上有句话深深震撼了他：“不要把你的钱投在不熟悉的领域。”他脑海里瞬间引申出另一句话：“不要在必败的领域里和人竞争。”他幡然醒悟：“我为什么非要踢足球呢？我并不具备踢好足球的身体素质！更重要的是，我对足球没有任何兴趣可言。”最后，他毅然退出了足球队。等到比赛开始时，他成了一名观众，与普通观众不同的是，他手里多了台高清照相机。

没过几天，一篇名为《新警察的一天》的短文刊登在当地报纸上，文章里还配上了他们踢足球的照片。这篇文章立刻引起了学员们的注意，更引起了教官和经侦部领导的注意。此后，这名学员在报纸上继续发表了一系列作品。集训结束后，经侦部领导直接把他调进了政治部宣传科，他的职业生涯此后并不比那些善于踢足球的小伙子们差。

故事微语

一位哲人曾经说过：“做一个一流的砖瓦匠，也比其他行业的二流人物好得多。”聪明的敢于做一个与众不同的人，能够坦然面对自己的优劣势。

每个人都具有独特的生理和心理特点，也存在着一些适于他做的工作。为了获得成功，我们有必要更多地了解和认识自己的特点，更多地了解自己的长处和短处。因而要想获得成功，就要将奋斗的目标定位在自己所热衷的事情上，敢于做一个与众不同的人。

心灵箴言

走自己的路，让别人说去吧。

——[意大利] 但丁

真正的才华如火焰般难以收藏，总会燎原。

——亦舒

智力取消了命运，只要一个人在思考，他就是自主的。

——[美] 爱默生

哲学家们告诉我们，做我们所喜欢的，然后成功就会随之而来。

——[美] 巴菲特

只有满怀自信的人，才能在任何地方都怀有自信沉浸在生活中，并实现自己的意志。

——(苏联) 高尔基

多用心，给予别人真正的帮助

故事话题

一个1周岁左右的小男孩儿，被年轻的母亲牵着小手来到公园的广场前，要上一个有十几个台阶的阶梯。

小男孩儿挣脱了母亲的手，想要自己爬上去。他用胖胖的小手一步一步地往上爬，他的母亲并没有抱他上去的意思。

当爬上两个台阶时，小男孩儿感到台阶很高，回头瞅了一眼母亲，母亲并没有表露出要伸手去扶他的意思，只是眼睛里充满了慈爱和鼓励。

小男孩儿又抬头向上瞅了瞅，他放弃了让母亲把自己抱上去的想法，继续手脚并用小心地向上爬。

他爬得很吃力，小屁股抬得特别高，小脸蛋也累得通红，身上穿的衣服也被弄得都是土，小手也脏乎乎的，但他最终爬上去了。

年轻的母亲这时候才上前拂去儿子身上的土，在那通红的小脸蛋上亲了一口。

这个小男孩儿就是后来成为美国第16届总统的林肯。他的母亲便是南希·汉克斯。

故事解析

如果你是故事里的小男孩儿的母亲，你会直接把小男孩儿抱上去吗？小男孩儿的母亲并没有这样做，她选择了给予男孩儿更多的鼓励，让他凭借自身的努力，到达自己想去的地方。从这见事情上就可以看出，林肯的母亲在林肯很小的时候便已经开始锻炼林肯独立、坚强，敢于挑战自我的精神了。

我们在帮助别人的时候，也要用心的给予对方真正的帮助，不要盲目地提供帮助。在很多时候，恰到好处的帮助会让人产生更多的感激之情。

故事穿越

多年前的一个傍晚，一个名叫亨利的青年站在河边发呆。这天是他30岁的生日，但是他不知道自己是否还有活下去的勇气。因为亨利从小就在福利院长大，身材矮小，长相也不漂亮，说话的时候还带着浓重的乡土口音，所以他一直很自卑，连最普通的工作都不敢去应聘，此时的他既没有工作也没有家。

就在亨利徘徊于生死之间的时候，他的好友约翰兴冲冲地跑过来对他说：“亨利，告诉你一个好消息！我刚从收音机里听到一则消息，拿破仑

曾经丢失了一个孙子。播音员描述的特征，与你毫不相差！”

“真的吗？我竟然是拿破仑的孙子！”亨利一下子精神大振，联想到爷爷曾经以矮小的身材指挥着千军万马，用带着泥土芳香的法语发出威严的命令，他顿感自己矮小的身材同样充满力量，讲话时的法国口音也带着高贵和威严。

就这样，凭着自己是拿破仑的孙子这一“美丽的谎言”，凭着自己要成为拿破仑的强烈欲望，30年后，亨利竟然成为了一家大公司的总裁。后来，他请人查证后知道自己并非是拿破仑的孙子，但这早已不重要了。

故事微语

如果约翰当时给予亨利的并不是“美丽的谎言”，而是金钱上的帮助的话，可能会暂时让亨利的物质条件得到改善，但并不会从根本上改变他，等钱花完了，他可能还是那个自卑的青年。

俗话说：“授人以鱼不如授人以渔。”我们在帮助朋友的时候，也要用心给予他真正需要的东西，达到帮助他的最终目的。

心灵箴言

帮助他人的同时也帮助了自己。

——[美] 罗夫·瓦尔多·爱默森

一个丰富的天性，如果不拿自己来喂养饥肠辘辘的别人，自己也就要枯萎了。

——[法] 罗曼·罗兰

如果一个人仅仅想到自己，那么他一生里，伤心的事情一定比快乐的事情来得多。

——[俄] 马明·西比利亚克

如果你在任何时候，任何地方，你一生中留给人们的都是些美好的东西——鲜花，思想，以及对你的非常美好的回忆——那你的生活将会轻松而愉快。那时你就会感到所有的人都需要你，请保留此标记种感觉使你成为一个心灵丰富的人。你要知道，给永远比拿愉快。

——[苏联] 高尔基

用爱填满自己的生活空间

故事话题

鲁宾森在一次意外事故中眼睛受了伤，视力也在不断地下降，医生说不久后将完全失明。妻子为了给他能见到光明的日子里留下点什么，决定找油漆工人来把家具和墙壁粉刷一遍。

油漆工人工作很认真。他虽是断了半只胳膊的残疾人，但他很开心，一边干活一边吹着口哨。偶尔的时候还会和鲁宾森交谈几句。一个星期后他完成了粉刷工作，其间也知道了鲁宾森目前的情况。

鲁宾森对油漆工人说："你天天那么开心，也让我感到非常高兴。"算工钱时，油漆工人少算了 100 美元。

鲁宾森不解："你为什么少算了工钱？"

油漆工人说："我已经多拿了，一个即将失明的人内心还可以这么平静，你让我知道了什么叫勇气。"

鲁宾森却坚持要再给油漆工人 100 美元，他说："我知道了，残疾人照样也可以自食其力，活得特别开心。"

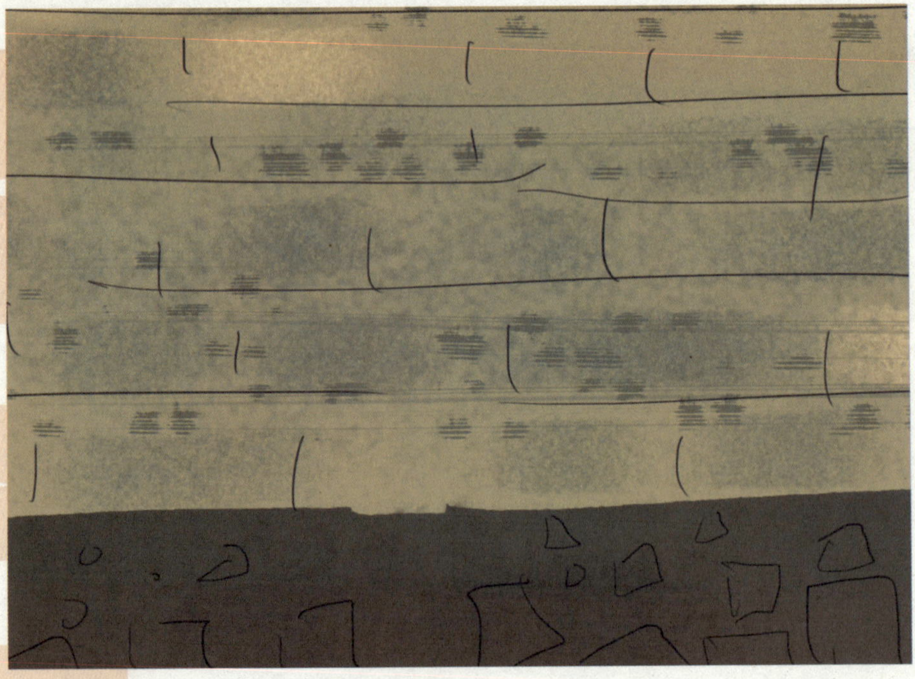

故事解析

油漆工人虽然是残疾的，但是他的工作当中依然充满了对生命和生活的热爱。我们应该用爱填满自己的生活空间，生命就像一场旅行，是追求破茧成蝶的过程。我们的生活中不能缺少爱，没有爱，我们的生活将会变成一片黑暗。

每个人的生命都只有一次，只要我们爱生活，生命就会变得美好起来。爱，使生活变得多姿多彩，爱越博大，生命也就越有意义。让我们用爱装饰我们的生命，让它时刻充满欢笑和幸福吧！

故事穿越

史蒂芬·威廉·霍金在1962年在剑桥读研究生后，他的家人注意到他的身体出现了很多的异常状况。于是，刚过完21岁生日的霍金在医院里住了两个星期，经过各种各样的检查，他被确诊患上了运动神经细胞萎缩症。

大夫对他说，他的身体状况将会越来越糟糕，只有心脏、肺和大脑还可以运转，到最后，心和肺也会失效，到时候就形同废人一般。

1991年3月，霍金在一次坐轮椅回柏林公寓的路上，被汽车撞倒了，到医院后发现左臂骨折，头也被划破了，缝了13针，但就在48小时后，他又重新回到办公室投入工作。

又有一次，他和友人去乡间别墅，上坡时拐弯过急，导致轮椅向后倾倒，不料这位引力大师却被地球引力翻倒在灌木丛中。

虽然身体的残疾日益严重，霍金却力图过像普通人一样的生活，完成自己力所能及的任何事情。他甚至是特别喜欢搞恶作剧的——这听来有点好笑，在他已经完全无法移动之后，他仍然坚持用唯一可以活动的手指驱动着轮椅在前往办公室的路上“横冲直撞”；在莫斯科的饭店中，他建议大家来跳舞，然后在大厅里转动轮椅，这可真是一大奇景；当他与查尔斯王子会晤时，居然旋转自己的轮椅来做恶作剧，结果却轧到了查尔斯王子的脚趾头。

当然，霍金也尝到过“自由”行动的恶果，这位量子引力的大师级人物，多次在微弱的地球引力作用下，跌下轮椅，但是，每一次跌倒，他都会顽强地重新“站”起来。

从宇宙大爆炸的奇点到黑洞辐射机制，霍金对量子宇宙论的发展做出了特别杰出的贡献，对人类的进步也起到了很大的作用，霍金获得1988年的沃尔夫物理奖。

故事微语

在生命的道路上，只有爱才能填满我们的心灵。史蒂芬·霍金在面对一系列的挫折之后，一如既往地热爱生命。他的生命中无时无刻不被爱包围着。

没有人的生命是一帆风顺的，总会遇到这样或者那样的困难，但是我们没有任何理由来拒绝爱。我们要让自己的生命变得更有意义、有价值，让生命绽放出娇艳的花朵，让爱时刻喷放出迷人的芳香。

只有爱才能填满我们的生活空间，只有爱才能让我们的生活更有意义，让我们一起在我们生命的旅途中播撒爱吧！

心灵箴言

世界上只有一种英雄主义，那就是了解生命而且热爱生命的人。

——[法] 罗曼·罗兰

生命是美好的，一切物质是美好的，智慧是美好的，爱是美好的！

——[法] 杜伽尔

愿你们每天都愉快地过着生活，不要等到日子过去了才找出它们的可爱之点，也不要把所有特别合意的希望都放在未来。

——[法] 居里夫人

塑造一双善于发现的眼睛

故事话题

英国作家凯恩的小说《基督教徒·法官·英国曼岛人》，一度风靡世界。凯恩是个铁匠的儿子，一生仅仅上过 8 年学，但在他去世的时候已经成为了这个世界上最为富有的作家，凯恩是如何取得这么大的成就的呢？

年轻时的凯恩酷爱诗，所以他将大诗人罗斯迪所写过的诗都读了一遍。读完之后，他写了一篇演说词，歌颂罗斯迪在诗歌方面的高深造诣以及所取得的伟大艺术成就，并将它亲自送给了罗斯迪。罗斯迪听着这个年轻人的赞美，心里非常高兴，心想："一个青年能对我的才华有如此高深的见解，他一定是一个非常聪明的人。"

罗斯迪特将凯恩请到自己的家中来，让他担任自己的秘书，这也从此改变了凯恩的人生道路。凯恩凭借这一新的身份，接触了当时著名的文学家，并从他们那里接受了许多建议，受到他们的鼓励和激发，开始了他自己的写作生涯，最终享誉世界。

故事解析

我们在生活中遇到的每一个人，都至少有一方面是比自己优秀的。罗斯迪用过一篇演说词便发现了作者的聪明才智。

发现是一种富有创造力的行为，一个善于发现的人，他有着良好的观察与思考能力，所以说成功的秘诀就是善于发现。孔子曾经说过的：“三人行，必有我师焉。”我们要学会善于发现别人的优点，并对他们的长处加以学习，进而让自己变得更加完美。

故事穿越

1965 年，一位韩国留学生到剑桥大学主修心理学。他常到学校的咖啡厅或茶座听成功人士聊天。这些成功人士包括：诺贝尔奖获得者，某些领域的学术权威和一些创造了经济神话的人，他们幽默风趣，举重若轻，把自己的成功都看得非常淡然。

时间长了，这个留学生发现，在国内时，他被一些成功人士欺骗了。那些人为了让正在创业的人知难而退，普遍把自己的创业历程讲得非常艰难，也就是说，他们在用自己的成功经历吓唬那些正在创业的人。作为心理系的学生，他认为完全有必要对韩国成功人士的心态加以研究。

1970 年，这个韩国留学生把《成功并不像你想像的那么难》作为毕业论文，提交给现代经济心理学的创始人威尔布雷登教授。

布雷登教授读后，大为惊喜，他认为这是个新发现，这种现象虽然普遍存在，但此前还没有一个人大胆地提出来并加以研究。惊喜之余，他写信给他的剑桥校友——朴正熙。他在信中说：“我不敢说这部著作对你有多大的帮助，但我敢肯定它比你的任何一个政令都能产生震动。”

后来这本书果然伴随着韩国的经济起飞了。这本书鼓舞了特别多的人，因为这本书从一个新的角度告诉人们：成功与“劳其筋骨，饿其体肤”、“三更灯火五更鸡”、“头悬梁，锥刺股”没有必然的联系。只要你对某一事业特别感兴趣，并长久地坚持下去就能获得成功，因为上帝赋予你的时间和智慧足够你圆满完成一件事情。后来，这个青年成为了韩国泛业汽车公司的总裁。

故事微语

这名韩国留学生在生活中发现名人的成功并没有我们想象中的那么难，进而写出了关于这个话题的书籍。之后，这本书鼓励了很多人，这个韩国留学生也摇身一变成为一个成功人士。

俗话说："世界上不是缺少美，而是缺少发现美的眼睛。"机遇也是这样的，只要你有一双善于发现的眼睛，就会发现生活中并不缺乏机遇，成功也并没有我们想象中的难。善于发现要求我们能够做到心思细腻，不拘泥于传统之中。

心灵箴言

细节在于观察，成功在于积累。

——[美] 爱默生

探索真理比占有真理更为可贵。

——[美] 爱因斯坦

追求客观真理和知识是人的最高和永恒的目标。

——[美] 爱因斯坦

第四篇

内心有期待，生活极具动力

难道，我们所期待的梦想真的离我们遥不可及吗？其实，它也许就在不远处，正向你招手，翘首盼望你的到来。或者，它正在十字路口的转角处，准备在你猝不及防的时候蹦出来给你一个惊喜。生命永远因为期待而闪光，而耀眼。

没有期待的人生黯淡无光

故事话题

1939年冬天，美国西部洛杉矶市郊的一间房子里，十五岁的约翰·葛达德正在厨房的桌子前做着生物学的家庭作业。

这时约翰听到隔壁父母的一位朋友说："假若再让我回到约翰的年纪，我干的事就大不一样！"这句话深深触动了约翰的心灵。他在活页本新的一页上方端正地写着："我的终生计划"。约翰花了五个小时的时间，一口气写下了一百二十七个梦想。

下面是这些目标中的一部分：

目标第一：探索尼罗河；

目标第二十一：登上珠穆朗玛峰；

目标第四十：驾驶飞机；

目标第五十四：去南、北极；

目标第一百一十一：读完莎士比亚、柏拉图等十七位大师的全部名著；

目标第一百二十五：登上遥远、美丽的月球。

为了实现这些梦想，约翰在他的小车子上写上了周计划和月计划。他每周都要量体重、整理衣橱、分析食谱和自我检查行动的得失。每天早晨他花一个小时的时间来练习杠铃、拉力器和单杠，以保持优美健康的体型。总之，约翰全力以赴地朝着自己订下的目标而努力着。

每当约翰实现了一个目标，他便带着甜美的神情，在一个"目标"旁边画上一个代表成功的红色标记。结果怎么样呢？

在约翰六十一岁的时候，他已经成功地实现了一百二十七个目标中的一百零八个。

人生目标

故事解析

没有期待的人生将会黯淡无光，趁年轻树立远大的理想和目标，然后期待着理想和目标实现的那一天，长大后才能做出不平凡的业绩。把你的梦想和目标目标分解成一步一步的具体行动，全力以赴，你一定能获得惊人的结果！

同学们，你有没有为自己订立一个一生的梦想计划？你对自己的人生有哪些期待呢？还等什么呢，赶快行动吧，让自己的人生变得丰富多彩起来吧！

故事穿越

美国某个小学的作文课上，老师给小朋友们设定的的作文题目是：“我的梦想”。

一位小朋友非常喜欢这个题目，他在自己的簿子上飞快地写着他的梦想。

他希望将来自己能够拥有一座占地十余公顷的庄园，在壮阔无垠的土地上植满绿树。庄园中有无数个小木屋，烤肉区，和一座休闲旅馆。除了自己住在这个庄园外，还可以和前来参观的游客分享自己的庄园，并提供住处供他们歇息。

写好的作文很快就上交了上去，这位小朋友的簿子上被划了一个大大的红“X”，发回到他手里，老师要求他重写。

小朋友仔细看了看自己所写的内容，并没有什么错误，便拿着作文簿去请教老师。

老师告诉他：“我要你们写下自己的梦想，而不是这些如梦呓般的空想，我要实际的梦想，而不是虚无的幻想，你明白吗？”

小朋友据理力争："可是，老师，这真的是我的梦想啊！"

老师也坚持："不，那不可能实现，那只是一堆空想，我要求你重写。"

小朋友不肯妥协："我很清楚，这就是我真正想要的，我不愿意改掉我梦想的任何内容。"

老师摇头："如果你不重写，我就不让你及格了，你自己想清楚。"

小朋友也跟着摇头，不愿意重写，而那篇作文也就得到了大大的一个"E"。

事隔三十年之后，这位老师带着一群小朋友到一处风景优美的度假胜地旅行，在尽情享受着绿树青草，舒适的住宿以及香味四溢的烤肉。忽然，他望见一名中年人向他走来，并自称曾是他的学生。这位中年人告诉这位老师，他正是当年那个作文不及格的小学生，如今，他拥有这片广阔的度假庄园，实现了儿时的梦想。

故事微语

在现实的冲击之下，我们所期待的梦想有时候便成为了心灵的安慰。梦想永远建立在执着、汗水、努力与泪水之上，正如伟大的居里夫人奋斗了一生，终于提炼出了纯净的镭。她用她的梦想，书写了生命的永恒。

我们不要因为挫折的伤害而停下了步伐，也不要因为内心的懒惰而放弃了梦想。让我们怀着无比崇敬的心情来期待未来吧！

心灵箴言

梦想只要能持久，就能成为现实。我们不就是生活在梦想中的吗？

——[英] 丁尼生

一个人可以非常清贫、困顿、低微，但是不可以没有梦想。只要梦想一天，只要梦想存在一天，就可以改变自己的处境。

——[美] 奥普拉

我们因梦想而伟大，所有的成功者都是大梦想家：在冬夜的火堆旁，在阴天的雨雾中，梦想着未来。有些人让梦想悄然绝灭，有些人则细心培育、维护，直到它安然度过困境，迎来光明和希望，而光明和希望总是降临在那些真心相信梦想一定会成真的人身上。

——[美] 威尔逊

期待是行动起来的牵引力

故事话题

春秋战国时代，一位父亲和他的儿子出征作战。父亲已经成为了一名将军，儿子却还只是一个马前卒。又一阵号角吹响，战鼓雷鸣了。

父亲庄严地托起一把宝剑。他郑重地对儿子说：“这是家传宝剑，配带在身边，便会产生无穷的力量，但千万不能抽出来。”这是一个极其精美的剑囊，厚牛皮打制而成，镶着幽幽泛光的铜边儿，剑尾一眼便能认定用上等的孔雀羽毛制作。

儿子喜上眉梢，贪婪地想着剑真实的模样，他仿佛看到敌方的主帅被自己一剑刺死了。果然，配带宝剑的儿子英勇非凡，所向披靡。

当鸣金收兵的号角吹响时，儿子背弃了父亲的叮嘱，强烈的欲望使他拔出了宝剑，试图看个究竟。骤然间他惊呆了：这是一只断剑。

儿子吓出了一身冷汗：“我一直挎着只断剑打仗啊！”仿佛顷刻间他便失去精神支柱，轰然之间意志就坍塌了。

结果不言自明，儿子惨死于乱军之中。

故事解析

父亲之所以会给儿子一把“不可抽出来”的断剑，或许就是想让儿子可以在对断剑的期待中，充分发挥自己的豪气，进而有所成就。但是，当儿子知道这是一把断剑之后，内心所期待的事情似乎顷刻之间化成了“不可能”，随之而来的是魂断战场的下场。

期待是行动起来的牵引力，只有对未来充满期待，才会在现在果断、勇敢、尽己所能地地行动起来。

故事穿越

周明对郑阔说：“我要离开这个公司。我恨这个公司！”

郑阔建议道：“我举双手赞成你报复你的公司！但是，你一定要给这家公司点颜色看看。所以说，你现在离开这家公司并不是最好的时机。”

周明问：“为什么？”

郑阔说：“如果你现在走，公司的损失并不大。你应该趁着现在还在公司，拼命去为自己拉一些客户，成为公司举足轻重的人物，然后带着这些客户突然离开公司，公司才会受到重大损失，这时候你才能达到报复的目的。”

周明觉得郑阔说的非常在理。于是把更多的时间和精力投入到了工作当中，事遂所愿，经过半年多的努力后，周明有了许多的忠实客户。

再见面时，郑阔问周明：“现在是时机了，你可以跳槽了！”

周明淡然笑道：“老总跟我长谈过，准备升我做总经理助理，我暂时不打算离开了。”

故事微语

只要心怀期待，便会产生无穷的行动力，期待是生命的动力，是一种乐观、积极、充满美好的渴望。一个没有期待的人，生活也不会充满激情。

总有一种期待，像无形的力量给予我们继续前行信念，让心愈加坚定，让梦愈加清晰。这种期待让我们不会停下前进的脚步；这种期待让我们在迷茫中探索幸福的道路；这种期待让我们在青春里谱写欢快的歌谱。这种期待给我们积极向上的力量，让我们不再彷徨，突破自己的能力极限。

人的一生不能没有期待，期待是行动起来的牵引力，指引着我们通往理想的方向，鞭策着我们努力前行。期待是一个完美的开始，有期待便会有行动，让我们也给自己的人生设个期待，并付诸以努力吧！

心灵箴言

希望是对未来荣耀的某种期待。

——[意] 但丁

雪化后那片鹅黄，你像；新鲜初放芽的绿，你是；柔嫩喜悦，水光浮动着你梦期待中的白莲。

——林徽因

你越对人生有所期待，人生便越美好。一个认为自己已享尽人生的人，实际上并未生活。我宁愿相信我一生最好的时光还在后头。

——匿名

心怀梦想的人，不会害怕等待

故事话题

1968 年的一天，罗伯·舒乐博士立志在加州建造一座水晶大教堂。

舒乐向著名的建筑设计师菲力普·约翰森阐述了自己的构想：“我要的不是一座普通的教堂，我要在人间建造一座伊甸园。”

约翰森问舒乐的预算，舒乐坚定而坦率地说：“我现在一分钱也没有，所以 100 万美元与 400 万美元的预算对我来讲没有区别，重要的是，这座教堂本身要有足够的魅力来吸引捐款。”

教堂最终的预算为 700 万美元。700 万美元对当时的舒乐来说是一个不仅超出了能力范围甚至超出了想象范围的数字。

当天夜里，舒乐拿出一页白纸，在最上面写上“700 万美元”，然后又写下了十行字：

1、寻找 1 笔 700 万美元的捐款。

2、寻找 7 笔 100 万美元的捐款。

3、寻找 14 笔 50 万美元的捐款。

4、寻找 28 笔 25 万美元的捐款。

5、寻找 70 笔 10 万美元的捐款。

6、寻找 100 笔 7 万美元的捐款。

7、寻找 140 笔 5 万美元的捐款。

8、寻找 280 笔 2.5 万美元的捐款。

9、寻找 700 笔 1 万美元的捐款。

10、卖掉 1 万扇窗，每扇 500 美元。

60 天后，舒乐用水晶大教堂奇特而美妙的模型打动了富商约翰·克林，得到了第一笔 100 万的美元捐款。

第 65 天，一对倾听了舒乐演讲的农民夫妇，捐出了第一笔 1000 美元。

第 90 天时，一位被舒乐执着的精神所感动的陌生人，在生日当天寄给舒乐博士一张 100 万美元的支票。

8 个月后，一名捐款者对舒乐说：“如果你的诚意与努力能筹集到 600 万美元，剩下的 100 万美元由我来支付。”

第二年，舒乐以每扇窗 500 美元的价格请求美国人认购水晶大教堂的窗户，付款的办法为每月 50 美元，一共付 10 个月。6 个月内，一万扇窗户全部售出。

1980 年 9 月，历时 12 年、可容纳一万多人的水晶大教堂终于竣工了，这成为世界建筑史上的奇迹与经典，世界各地的人都慕名来参观这座大教堂。

水晶大教堂最终的造价为 2000 万美元，这所有的钱都来源于舒乐一点一滴的积攒。

故事解析

700 万美元对于当时那个年代的人来说是一个天文数字，想凑齐这么多的钱，可以说是难于上青天的，然而舒尔却用自己执着的等待创造了一个奇迹。

心怀梦想的人不会害怕等待，梦想是他们的灯塔，他们一路向着灯塔前行，尽管路上会遇到数不清的挫折和困难，但是他们依然在等待着实现梦想的那一天。

舒乐执着的等待着自己的梦想实现的那一天，功夫不负有心人，伊甸园终于在努力后的第 12 年建造成功了，我们如果心怀梦想，也不要惧怕等待，只要我们肯付诸以努力，梦想就可能在等待中实现！

故事穿越

在 100 多年前，比利时有个叫阿道夫·萨克斯的小木匠。

阿道夫能活下来本身就是个奇迹。在他的小时候，他误吞过缝衣针，误食过硫酸，被砖块砸破过头，还不幸地从楼上跌落了下来，还曾摔倒在正在燃烧的炉火上。阿道夫在 21 岁时发明一件奇特的乐器，这乐器有与单簧管类似的哨头，还有抛物线形圆锥管体，金属圆筒上还带着风琴那样的按键。

刚开始，阿道夫想把这件新乐器介绍给世界音乐权威集中的地方——巴黎音乐界，但阿道夫煞费苦心，也没能让任何法国乐器商把这个比利时来的无名小辈放在眼里。法国音乐界的名流们更喜欢用自己熟悉的乐器。一晃 9 年过去了，阿道夫的愿望依然没有实现，他还是一个默默无闻的小木匠。

机会终于来了，一位作曲家为阿道夫争取到了一个在巴黎音乐会上演出的机会，还特意为他谱写了一首曲子。就在去演出的路上，意外再一次降临，阿道夫的乐器从马车上摔了下来，摔成了两半儿。不过阿道夫并没有因此放弃，而是抱着破损的乐器登上了舞台，吹奏时他的双手一刻也不能离开乐器，否则铜管就会掉下来。正因为如此，阿道夫无法翻阅乐谱，只能凭记忆演奏。有几次，他因为紧张忘记了谱子，就干脆持续吹一个长音，直到想起乐谱再继续演奏。法国观众从来没听过这样柔和优美、荡气回肠的音乐，顿时就爱上了这种乐器。演出结束后，阿道夫一连谢了五次幕，台下仍然掌声雷动。

故事微语

法国作家罗曼·罗兰曾经说过："人生最可怕的敌人，就是没有明确的目标。"梦想是一盏明灯，照亮我们的生命；梦想是一个路牌，为迷路的我们指明方向；梦想是一方罗盘，导引我们人生的目标。

人生的道路不可能是一帆风顺的，也会布满荆棘、充满坎坷，这条路上不仅有顺畅、欢乐和幸福，还会有困窘、泪水和失望。但是只要有明确的梦想，你就会看到曙光，看到希望。即使前方的风浪再大，也会无悔地去追求、去等待。

心灵箴言

每一天，都有一些事情将会发生；每段路，都有即将要来的旅程；每颗心，都有值得期待的成分；每个人，都有爱上另一个人的可能。

——马苏

生活赋予我们的一种巨大的和无限高贵的礼品，这就是青春：充满着力量，充满着期待、志愿，充满着求知和斗争的志向，充满着希望、信心的青春。

——[苏联] 奥斯特洛夫斯基

人生往往有些决定终身的时间，好似电灯在大都市的夜里突然亮起来一样，永恒的火焰在昏黑的灵魂中燃着了。只要一颗灵魂中跳出一点火星，就能把灵火带给那个期待着的灵魂。

——[德] 歌德

成全独特的自己，过想要的生活

故事话题

巴雷尼小时候因病成了残疾，他的母亲伤心不已，但她还是强忍住了自己的悲痛。她想：巴雷尼现在最需要的是鼓励和帮助，而不是母亲的眼泪。母亲来到巴雷尼的病床前，拉着他的手说："孩子，妈妈相信你是个有志气的人，希望你能用自己的双腿，在人生的道路上勇敢地走下去！好巴雷尼，你能够答应妈妈吗？"

母亲的话像铁锤一样击打着巴雷尼的心扉，他哭着扑到母亲怀里大哭起来。从那以后，妈妈只要一有空闲，便帮着巴雷尼练习走路，做体操，经常累得满头大汗。

有一次，巴雷尼的母亲得了重感冒，她想：做母亲的不仅要言传，还要身教。尽管发着高烧，她依然下床按计划帮助巴雷尼练习走路。黄豆般的汗水从母亲的脸上淌下来，她用干毛巾擦擦，咬紧牙，硬是帮巴雷尼完成了当天的锻炼计划。

体育锻炼弥补了由于残疾给巴雷尼带来的不便。母亲的榜样作用，更是深深教育了巴雷尼，他终于经受住了命运给他的严酷打击。巴雷尼通过刻苦学习，学习成绩一直在班里名列前茅。最后，巴雷尼以优异的成绩考入了维也纳大学医学院。大学毕业后，巴雷尼以全部精力，致力于耳科神经学的研究。最后，终于登上了诺贝尔生理学和医学奖的领奖台。

故事解析

巴雷尼通过各种努力终于取得了巨大的成就，他的故事也告诉我们能够成全自己的只有自己，只有凭借自身的努力才能成全独特的自己，过上自己想要的生活。

每个人的心里都会有梦想，要想实现心中的梦想只有为之付出百倍的努力，在通往梦想的路上，难免会遇到困难、挫折和痛苦，只有我们凭借自己的顽强的毅力克服它，才能实现自己心中的梦想。

故事穿越

2011 年，对于大提琴演奏家马友友来说，绝对是不平凡的一年：美国纽约市将一条新建马路命名为“马友友路”，总统奥巴马还亲自为他戴上了总统自由勋章，这可是平民的最高荣誉！

马友友的父母都是留美的华人，现在做经济研究员。从马友友出生的时候，父母就为他设计好了人生路线：做一位出色的经济人！马友友还没有学会讲话，父母就已经开始教他认数字，所以他最先会说的话并不是“爸爸、妈妈”，而是“一二三……”，两岁时，他的父母已经开始教他学习算术。

马友友在一种受命式的过程中，度过了自己的童年。读小学的时候，马友友就已经成为学校的“数学之星”，在许多数学竞赛中获得了大奖，马友友身边的人都为他而开心，但马友友自己却没有丝毫乐趣可言。

有一个天色不太好的傍晚，马友友在放学的路上怕被雨淋，就抄近路从一条偏静的小路上往家跑，在一幢老房子的院子外面，他听到了一种极为美妙的声音，那流水般优美的旋律很快吸引了马友友。他

停下脚步朝院子里面望去，看见一位老人正在拉大提琴，那位老人此时的神情无比陶醉，身体都随着音乐的节奏，轻轻的晃动起来，眼前的画面让马友友轻叹了一声："如果我能奏出这么美妙的音乐该多好啊！"就在此时，马友友发现自己深深的喜欢上了音乐！

没多久，那位老人就发现了马友友，他将马友友请进了院子，在演奏了许多美妙的歌曲之后，还给马友友讲了许多关于音乐的动人故事，这些使马友友完全迷恋上了音乐。此后，他时常"逃学"，溜到老人那里去听音乐，学拉大提琴。结果可想而知，他的数学成绩在下降，很快，他的父母就发现了这个问题。于是他们把马友友叫到身边说："以前的事情，只要你改正就行了，以后，你一定要用心学好数学！"

"为什么一定要学习数学？"马友友反抗着，"我并不喜欢数学！"

"你只有学好数学，才能和我们一样做一位出色的经济师，甚至可以比我们更出色，成为一位伟大的数学家！"马友友的父母这样说。

"为什么一定要和你们走同一条路呢？我觉得音乐是最能让我开心的东西，而且我认为能把自己喜欢的事情做得更好，那样我会更开心！"马友友坚定着自己的想法。他认为，自己的人生路一定要自己来掌控方向，绝不能让他人来操纵，哪怕是父母。

从此之后，马友友就经常去那位老人那里学习音乐，不久后，他的父母便被他的坚持打动了，帮他报了一个音乐培训班。任何人一旦做起自己真正喜欢的事情，进步都特别快，在中学毕业的时候，马友友就已经获得了曼哈顿全市学生音乐会的一等奖，并前往哈佛大学就读。也就在这时候，他的音乐名声逐渐大了起来，很多重要的交响乐团，其中包括钢琴家伊曼纽尔 艾克斯在内的音乐大师都向他发来邀请，和他一起演奏和表演。

在此之后的多年里，马友友在音乐路上不断探索不断和进步，多次受到邀请到白宫演奏音乐，而且还获得了多次的“唐大卫奖”和“格莱美奖”，成了一名国际音乐大师！2006 年，马友友被联合国任命为和平大使；2011 年，马友友与德国总理默克尔、美国前总统老布什、“股神”巴菲特一起，接受了由美国总统奥巴马新自颁发的总统自由勋章。

当晚，马友友无比感慨地说：“自己的人生只有一个主人，那就是我们自己，行走在自己铺设的人生轨迹上，一定是最开心最能取得成就的！”

故事微语

同学们，你有没有曾经彷徨过或者现在正在彷徨？无论如何，请一定要记住：你仅仅属于你自己，你要成全独特的自己，过自己想要的生活！不要太在意别人对自己的看法，每个人都有适合自己的生活方式。

命运掌握在自己手中，我们要学会如何主宰自己的命运，做自己的主人。能掌握自己命运的人，才能称得上是自己灵魂的主人。过自己想要的生活就需要自己有足够的判断力，能够根据现实情况，给自己的人生指出正确的方向。

心灵箴言

有勇气做真正的自己，单独屹立，不要想做别人。

——林语堂

人们可以支配自己的命运，若我们受制于人，那错不在命运，而在我们自己。

——[英] 莎士比亚

世界上有两种人，一种人认为自己是自己得到的报酬和受到的惩罚的依据；另一种人认为报酬和惩罚是诸如运气、天气和他人等外部因素造成的。通常，前一种人较后一种人更乐观，心理能量也更强，更有可能去积极采取行动来改善恶劣的现状。所以，当问题和困境来临时，你要相信自己能掌握自己的命运，你能克服这些问题和困境并达成目标，你的心理能量就会得到更好的重聚。

——[德] 卡尔

期待一个更完美的自己

故事话题

梅兰芳作为一代京剧大师，不仅在京剧艺术上的造诣很深，而且在绘画上颇有研究。他拜名画家齐白石为师，虚心求教，总是执师生之礼，经常为白石先生磨墨铺纸，全不因为自己是著名演员而怠慢老师。

有一次齐白石和梅兰芳同到一位朋友家做客，白石先生先到，他布衣布鞋，其他宾朋都穿着西装革履或长袍马褂，白石先生显得有些寒酸，不引入注意。不久，梅兰芳到，主人高兴相迎，其余宾客也都蜂拥而上，同他拥抱握手。可梅兰芳早就知道白石老先生也来赴宴，便四下环顾，寻找老师。忽然，他看到了被冷落在一旁的齐白石，他就立刻挤出人群向白石先生恭恭敬敬地叫了一声“老师”，向他致意问安。在座的人见状非常惊讶，白石先生深受感动。一段时间后特地向梅兰芳馈赠《雪中送炭图》并题诗道：“记得前朝享太平，布衣尊贵动公卿。如今沦落长安市，幸有梅郎识姓名。”

梅兰芳还曾经拜普通人为师。他有一次在演出京剧《杀惜》，众人都在大声喝彩，他却听到有个老年观众说“不好”。梅兰芳来不及卸装更衣就用专车将这位老先生接到家中，恭敬地对他说：“说我不好的人，是我的老师。先生说我不好，必有高见，定请赐教，学生决心亡羊补牢。”于是，老人指出：“阎惜姣上楼和下楼的台步，按梨园规定，应是上七下八，博士为何八上八下？”梅兰芳方才恍然大悟，连声道谢。以后梅兰芳经常请这位老人观看他的演出，请他指正，并一直称他为“老师”。

故事解析

人生就是一个不断自我完善的过程，我们在不断地吸取营养的同时也在不断地茁壮成长。梅兰芳在取得巨大的成就之后仍在不断地学习、自我完善。正是因为金无足赤，人无完人，每个人需要学习的知识都特别多。我们也应该期待一个更完美的自己，不要满足于现状之中。

同时，没有人是完美的。每个人都会存在不足，只有通过不断地努力来完善自我，才能不断地提升自己，成就更完美的自己。否则，我们的人生将停滞不前，我们永远无法遇到更完美的自己。

故事穿越

1902 年，童第周出生在浙江鄞县的一个贫穷的山村里里。直到 17 岁，他才在二哥的帮助下，进了宁波师范预科。第二年，他转学进了教会创办的效实中学。

童第周因为基础差，转学第一学期，平均成绩才 45 分。学校建议他退学或降级，但是他向校长多次请求跟班继续试读一学期。学校勉强同意后，他便开始以惊人的毅力，去攻克遇到的各种难关。第二学期，他总平均分达到 70 多分，几何还考了 100 分。进入大学后，他学习更加勤奋，

基础越来越扎实。临近毕业时，他已经是老师和同学公认的高才生。

28 岁那年，童第周在亲友的资助下，远赴比利时求学，跟着布拉舍和达克教授深造。初到之时，童第周受到很多歧视。后来，布拉舍教授要做一种剥除青蛙卵膜的手术。这种手术特别难，布拉舍花了好几年的时间还没有搞成。但是，童第周却不声不响地搞成了，这下子震动了他的欧洲同行。布拉舍兴奋地说："童这个小个子真行！"

故事微语

童第周之所以会一步步地更加完美，就是因为他在人生路上能够不断地刻苦学习，在困难面前不低头、不害怕、不逃避，反而坚强地面对，克服种种困难，所以才成为一个更完美的人。

对于广大青少年来说，要想战胜自己，越来越完美，就不能害怕人生道路上的艰难险阻，不要让任何事情干扰了自己的梦想，要围绕自己的梦想刻苦学习，坚定不移地去为自己的梦想奋斗。

心灵箴言

一个人的理想越崇高，生活越纯洁。

——[英] 伏尼契

世界上最快乐的事，莫过于为理想而奋斗。

——[古希腊] 苏格拉底

一个人想要成功，想要改变命运，有梦想是重要的。

——[中] 李彦宏

人类也需要梦想者，这种人醉心于一种事业的大公无私的发展，因而不能注意自身的物质利益。

——[法] 居里夫人

一个人怀抱梦想，做出计划，并眼看着梦想在奋斗中慢慢变成现实时，他至少应该是较振作较乐观的吧——还有人说我颓废吗？

——石康

梦想无论怎样模糊，总潜伏在我们心底，使我们的心境永远得不到宁静，直到这些梦想成为事实才止；像种子在地下一样，一定要萌芽滋长，伸出地面来，寻找阳光。

——林语堂

第五篇

专注细节，享受每一段过程

专注是自然界和人类社会共同持有的一种强大的力量，专注可以让植物永远向着阳光生长，让动物学会猎食的本领。而人类只要能够做到专注细节，就可以享受人生中的每一段过程。

尽量将事情做到圆满

故事话题

英国国王查理三世和公爵亨利决定为选举决一死战，这场战斗将决定他们中的哪位来统治英国。

战斗进行的当天早上，查理三世派一个马夫备好自己喜爱的战马。

“快点给它钉掌，”马夫对铁匠说，“国王希望骑着它打头阵。”

“你得等等，”铁匠回答，“我前几天给国王全军的马都钉了掌，现在我得找点铁片来。”

“我等不及了。”马夫不耐烦地大声吼叫着。

铁匠继续埋头干活，他从一根铁条上弄下四个马掌，将它们砸平、整形，固定在马蹄上，然后开始钉钉子。钉了三个掌后，他发现没有多余的钉子来钉第四个马掌了。

铁匠准备砸钉子将马掌固定好，但在马夫的催促下，只好将马掌仅仅挂在了马蹄子下。

两军交锋了，查理三世就在军队的阵中，他冲锋陷阵，指挥士兵迎战敌人。远远地，他看见在战场另一头上自己的士兵退却了。

如果其他人看见他们这样，也会后退的，所以查理三世决定快速冲向那个缺口，召唤士兵调头战斗。

但是，查理三世还没走到一半，那只挂着的马掌就掉了，战马跌翻在地，查理也被掀倒在地上。查理三世还没有抓到缰绳，惊恐的战马就跳起来逃走了。查理三世环顾四周，他的士兵纷纷转身撤退，亨利的军队包围了上来。查理三世挥舞着宝剑大声喊着：“马！一匹马，我的国家倾覆就因为这一匹马。”

从那时起，人们就说，缺少一个铁钉，丢了一个马掌。缺少一只马掌，丢了一匹战马。缺少一匹战马，败了一场战役。败了一场战役，失去一个国家。

故事解析

因为一个铁钉丢失一个国家，这就是做事不圆满造成的结果。试想一下，如果马夫可以给铁匠更多点的时间准备，或者铁匠可以更有效率地完成工作；如果战马没有少一个铁钉，进而查理三世没有因为马掌掉了而摔倒在地。那么，事情的结局就将会被改写，战役不会失败，国家也不会因此而丧失。

如果在我们的能力之内，可以将事情做得更圆满的话，就让我们再努力一点，让事情变得更圆满吧！不要等到因为那一点点不圆满，而导致事情的失败时，再懊恼后悔。

故事穿越

1955年，雷·克罗克在美国伊利诺斯普兰开设第一家麦当劳餐厅，至今麦当劳在全世界已经拥有了两万八千多家餐厅，麦当劳的黄金双拱门已经被全世界的人所知晓，成为人们最熟知的世界品牌之一，麦当劳也成为世界上最大的快餐集团。

2004年初，麦当劳在由国际著名品牌研究机构推出的2003年世界最有影响力品牌100强中名列第二位，但是在餐饮行业中麦当劳是全世界公认的第一品牌！这一切，都得益于麦当劳对细节的近乎完美的追求，从而使它远远甩开了其他快餐品牌，取得了世界上公认的第一品牌的成绩。

无论是食品采购、产品制作、烤焙操作程序、炉温、烹调时间等步骤，麦当劳都遵从严谨的高标准。比如：严格要求牛肉原料必须挑选精瘦肉，牛肉由83%的肩肉的17%的上等五花肉精制而成，脂肪含量不得超过19%；绞碎后，一律按要求做成直径为98.5%毫米、厚为5.65毫米、重为47.32克的肉饼。

麦当劳的食品要求标准化，无论国内国外，所有分店的食品质量和配料都相同，并制定了各种操作规程和细则，如：煎汉堡包时必须翻

动，切勿抛转等。甚至连一张抹布擦桌子可以擦几次就必须翻面都规定的清清楚楚。

另外，麦当劳的卖点还有舒适惬意的完美就餐环境，这也为麦当劳迎来了一大批忠实的顾客。

故事微语

麦当劳之所以会成为世界上最大的快餐集团，可以将其他的餐厅远远地甩在身后而遥遥领先，无不与它尽量将事情做到完美有直接的关系。这完美包括食品采购、产品制作、烤焙操作程序、炉温、烹调时间等，甚至还包括舒适的就餐环境，正是因为这些完美，才吸引着无数人去就餐，才会有那么多的“回头客”。

将事情做到圆满，不仅是对他人的一种负责态度，还表现出对他人的尊重，没有人愿意拒绝即对自己负责，又对自己尊重的餐厅。我们也要像麦当劳的这种文化学习，尽量将事情做到完美。

心灵箴言

顽强的毅力可以征服世界上任何一座高峰。

——[英] 狄更斯

在科学上面是没有平坦的大路可走的，只有那在崎岖小路的攀登上不畏劳苦的人，才有希望到达光辉的顶点。

——[德] 马克思

伟大人物的最明显标志，就是他坚强的意志，不管环境变换到何种地步，他的初衷与希望仍不会有丝毫的改变，而终于克服障碍，以达到期望的目的。

——[美] 爱迪生

有美好的过程，才有美好的结局

故事话题

法国“银行大王”恰科在读书的时候便立志要成为一名银行家。

开始时，恰科鼓足勇气到巴黎一家最有名气的银行去面试，结果吃了一个“闭门羹”。但这个年轻人并不气馁，又相继去了其他几家银行，可是无一例外的都被拒之门外。几个月后，恰科再次去了最开始去的那家银行，并且有幸见到了行长，但是再次被残忍地拒绝了。

恰科慢慢地从这家银行出来，突然发现脚边有一枚大头针。想到银行来来往往的人可能被大头针弄伤，他便立即弯腰拾起了大头针，并小心翼翼地将它放进旁边的垃圾桶里。回到家后，疲惫不堪的恰科躺在床上休息。他先后求职 52 次，可连一次面试的机会都没争取到。尽管命运对自己如此不公，可是第二天恰科依然准备再去看看下一家银行。

在恰科离开住所，准备关门的时候，意外地发现信箱里躺着一封信。拆开一看，原来是那家赫赫有名的银行寄来的录取函。

原来，恰科在前一天拾起大头针的一幕被行长看见了，他认为精细小心正是银行职员必须具备的素质，于是改变了最初的想法，决定录用这个小伙子。凭着这枚小小的大头针，恰科走进了银行的大门，最终成为法国的“银行大王”

故事解析

恰科之所以能够梦想成真与他在实现梦想的过程中所付出的不懈努力有着直接的关系，有美好的过程，才有美好的结局。如果在过程中没有努力做到完美，那么结果也就注定不可能会完美。

很多人或许会抱怨自己的人生总是不够幸运，没有得到自己想要的生活。这在很大一部分程度上的原因是他们只注重结局，而忽视了最关键的过程。要想取得好成绩，就必须为此付出百倍的努力，不会有人没有经过努力便会获得成功。

故事穿越

一个相貌平平的女孩儿，在一所极普通的中专学校读书，学习成绩并不特殊，在班里的四十个同学之中，只能排在第 20 名左右。

这个女孩儿在得知妈妈患了不治之症，爸爸又被公司裁员之后，便想减轻一点家里的负担，希望利用放暑假的两个月时间赚一点钱。

女孩儿到一家公司去应聘，韩国经理在看了她的履历后，面无表情地拒绝了她。

女孩儿收回了自己的履历，用手掌撑了一下椅子准备站起来，但是却觉得手被什么东西扎了一下，看了看手掌，上面沁出了一颗红红的小血珠，原来椅子上有一只钉子露出了头。

女孩儿看见桌上有一条石镇纸，于是便用它将钉子敲平，然后转身离开。几分钟后，韩国经理却派人将她追了回来——她被公司聘用了。韩国经理正是从她敲钉子的细节中看到了她对别人的关怀和爱，认为她是个可依赖的人，于是她从众多应聘者之中脱颖而出，被录取了。

故事微语

故事中的女孩儿之所以可以心想事成的得到自己想要的工作，和她平时便养成的良好的习惯是分不开的。女孩儿为了减轻家里的负担，愿意在暑假尽己所能的付出努力；在自己的手掌被钉子扎破的时候，立即就想到了不能让其他人的手掌再被扎破，所以她将钉子敲平了。这些事情都表明她是“一个可信赖的人”。

如果女孩儿在平时便不是一个善于关心帮助别人的人，恐怕她也绝对不会得到这份工作。美好的结局总是要在平时打下良好的基础。我们要想获得完美的人生结局，也就应该尽量完美地过好每一天。

心灵箴言

取得成功应靠自己的行动，而不是靠他人的恩宠。

——[古罗马] 普劳图斯

就是有九十九个困难，只要有一个坚强的意志就不困难。

——杨根思

即使慢，驰而不息，纵会落后，纵会失败，但一定可以达到他所向的目标。

——鲁迅

我平生从来没有做出过一次偶然的发明。我的一切发明都是经过深思熟虑和严格试验的结果。

——[美] 爱迪生

哪有斩不断的荆棘？哪有打不死的豺虎？哪有推不翻的山岳？你只须奋斗着，猛勇地奋斗着；持续着，永远的持续着，胜利就是你的了。

——邓中夏

任何事情都能找到乐趣

故事话题

很久很久以前，有一个叫小衰的人，整天闷闷不乐，他对身边的一切都不满意。最后，他竟成变了一个不快乐的孩子。

小衰生活的特别不开心，考试不及格，老师让他请来家长。同桌的女生长了满脸雀斑，还缺了两颗门牙，他很不喜欢她，但是她却总爱把她又黑又粗的胳膊放在小衰的桌子上。小衰的父亲是个清洁工，母亲是个收垃圾的，他们的工作使他感到难堪，甚至无地自容。每天放学回家，邻居家的大狼狗，总是汪汪地叫个不停，很是烦人……

小衰讨厌他生活中的一切，他总觉得老天在跟他作对，把所有讨厌的东西都一股脑地扔到他的身边。他整天愁眉苦脸，丝毫感受不到快乐。

小衰听说南面的高山上住着一位快乐天使，凡是找到她的人，都能找到快乐。不快乐的小衰决定去寻找那位快乐天使。

小衰背着行囊，一直向南走，走了九九八十一天，过了九九八十一条河，终于来到了山脚，山上长满了郁郁葱葱的树木，一片片绿的颜色，让小衰特别心烦，也便没有心情欣赏山上的景色。他爬了九九八十一天，终于在一颗大树下找到了快乐天使的小屋。

那屋子很破烂，台阶上长满了青苔，房檐下筑满了鸟巢。小衰推开小屋的破门，看到一张破桌子旁坐着一位相貌丑陋，衣衫褴褛的老太婆。他奇怪地问："这山上不是有个快乐天使吗？我怎么一直都找不到？"

老太婆裂开没牙的嘴嘿嘿地笑笑，说："我就是快乐天使。"

"可你又老又丑。"

"我老，可我比别人经历过更多快乐的事。我丑，可我皱纹的线条还是相当明快，富有艺术的动感。"

"你的衣服又脏又破。"

"我的衣服吸取了大自然的精华，上面沾有大自然的脂粉。"

"你的房子又破又小。"

"我喜欢小巧玲珑的东西，这屋子是完美的艺术品。"

“可是，你一个人住在这荒山野岭，不怕吗？”

“谁说我是一个人，山上的树木是我的卫兵，山上的动物是我的保镖——它们时时刻刻保护我。”

小衰用怪异的目光注视着这位奇怪的老人。

“为什么一切东西在你眼中都是快乐的！”

“因为我想让它们快乐，”老人又微笑了，“不管是什么东西。你用快乐的眼光去看它，用快乐的心情去体验它，它就是美丽的，也是快乐的，你也就会快乐。”小衰也笑了。他突然想回到学校，和家人、老师一起开那个小小的“座谈会”。

故事解析

快乐天使之所以快乐，既不是因为她拥有年轻和美貌，也不是因为她有漂亮的衣服、宽敞的房子和良好的居住环境，而是因为她用快乐的眼光去看这个世界，用快乐的心情去体验这个世界，因此她感受到的这个世界就是美丽的、快乐的，所以快乐天使自己也感受到了快乐。

在任何事情上都能找到乐趣，我们要想获得快乐，就换个心态来看待这个世界，用美好的心境来感受这个世界吧！只要怀有快乐的心态，相信你在任何事情上都能找到乐趣。

故事穿越

从前在山中的道观里，有一个小道士被要求去买食用油。在离开前，道观里的厨师交给小道士一个大碗，并严厉地警告他："你一定要小心，我们最近财务状况不是很理想，你绝对不可以把油洒到外面来。"

小道士答应后就下山到城里，到厨师指定的店里买油。在上山回道观的路上，他想到了厨师凶恶的表情及严厉的告诫，愈想愈觉得紧张。小道士小心翼翼地端着装满油的大碗，一步一步地走在山路上，丝毫不敢左顾右盼。

很不幸的事情还是发生了，小道士在快到道观门口的时候，因为没有向前看路，结果踩到了一块石头上。虽然没有摔跤，可是却洒掉了三分之一的油。小道士非常懊恼，而且紧张到手都开始发抖，无法将碗端稳。终于回到道观里时，碗中的油就只剩一半了。厨师拿到装油的碗时，非常生气，他指着小道士大骂："你这个笨蛋！我不是说要小心吗？为什么还是浪费这么多油，真是一个饭桶！"小道士听了很难过，开始掉眼泪。

另外一位老道士听到了，就跑来问是怎么回事。了解事情的经过以后，他就去安抚厨师的情绪，并私下对小道士说："我再派你去买一次油。这次我要你在回来的途中，多观察你看到的人事物，并且需要向我做一个报告。"

小道士想要推掉这个任务，强调自己油都端不好，根本不可能既要端油，还要看风景、作报告。不过在老道士的坚持下，他只好勉强上路了。在回来的途中，小道士发现其实山路旁的风景特别美。远方是雄伟的山峰，农夫在梯田上耕种。走了不久，他又看到一群小孩子在路边的空地上玩得很开心，还有两位老先生在下棋。

这样边走边欣赏美景，不知不觉小道士就回到了道观里。当小道士把油交给厨师时，发现碗里的油，装得满满的，一点都没有损失。

故事微语

我们想过上快乐的日子，就可以采纳这位老道士的建议，将更多的时间和精力放到快乐的事情上面。与其天天在乎自己的成绩和物质利益，不如在生命中的每一天里都享受好做每件事情的过程，并从中学习成长。一位真正懂得从生活经验中找到人生乐趣的人，不会感到自己的生活充满压力及忧虑，他们会从任何一件事情中找到乐趣。

再痛苦的学习、工作或者生活过程中都能找到乐趣，只要我们用心品味和感受它们，我们也就会变成快乐的人，我们每天的生活也将变得充满乐趣。

心灵箴言

快乐，是人生中最伟大的事！

——[苏联] 高尔基

快乐不在于事情，而在于我们自己。

——[德] 理查德·瓦格纳

人生最大的快乐不在于占有什么，而在于追求什么的过程。

——[德] 本生

允许孩子们以他们自己的方式获得快乐，难道还有比这更好的方法？

——[英] 塞·约翰逊

历史的道路不是涅瓦大街上的人行道，它完全是在田野中前进的，有时穿过尘埃，有时穿过泥泞，有时横渡沼泽，有时行经丛林。

——[俄罗斯] 车尔尼雪夫斯基

小举动更能衍射你的生活情调

故事话题

曾国藩出生于湖南长沙府湘乡县杨树坪，是晚清“中兴四大名臣”之一，官至两江总督、直隶总督、武英殿大学士，封一等毅勇侯。

有一天，李鸿章带了三个人供曾国藩任命差遣。

当时曾国藩刚吃饱饭，正在散步。因为李鸿章有缓行三千步的习惯，所以那三个人就在一旁恭候。

散步之后，李鸿章请曾国潘接见那三个人，曾国藩却说不必了，李鸿章惊讶之余向曾国潘询问原因。

曾国潘答道：“在散步时，那三个人我都看过了。第一个低着头不敢仰视，是一个忠厚的人，可以给他保守的工作；第二个喜欢做假，在人面前很恭敬，等我一转身，便左顾右盼，将来必定阳奉阴违，不能任用；第三个双目注视，始终挺立不动，他的功名，不在你我之下，可委以重任。”

后来三人的仕途果然与曾国潘的猜想相差无几，这里面的第三个人就是刘铭传。

故事解析

善于察言观色的人很容易便会从你的小举动中感受到你的生活情调，正如曾国潘所分析的三个人：低着头不敢仰视的人是一个忠厚的人；在人面前很恭敬，等一转身，便左顾右盼的人将来必定阳奉阴违；双目注视，始终挺立不动的人可委以重任。而结果也正验证了曾国潘的判断是正确的。

我们要想获得他人的认可和喜爱，就要在日常生活中注意自己的言谈举止。同样的，我们要想了解一个人的生活情调，也可以细心的观察他所展示出来的小举动。

故事穿越

建国初期，陈毅任上海市市长一职。有一次他对工商界人士演讲，讲台上摆放着名贵的鲜花和精美的茶具。陈毅上台后便说：“我这个人讲话容易激动，激动起来容易手舞足蹈，讲桌上的这些东西，要是被我碰坏，我这个供给制的市长，实在赔偿不起，所以我请求会议主持人，还是先把这些东西‘精兵简政’撤下去吧。”会场上的人们立刻就发出了轻松的笑声。

在 60 年代的一次会议上，陈毅为了落实知识分子的政策而大声疾呼：“不能够经过了几十年改造、考验，还把资产阶级知识分子这顶帽子

戴在所有知识分子头上！”说到这里，陈毅摘下帽子，向参加会议的知识分子代表鞠了一躬，然后大声地说：“今天，我给你们行脱帽礼！”这真挚的感情和恰到好处的幽默，使与会者无不为之动容。

陈毅的讲话一般都不用稿子。但是，他出口成章，侃侃而谈，常常以机敏而风趣的言辞令听者折服。在一次会议上，有人看见陈毅拿着一份稿纸，还不时地低下头看看，后来竟被发现那是一张白纸。“陈总，您怎么用张空白的发言稿啊？”会后有人问他。陈毅回答说：“不用稿子，人家会讲我不严肃，信口开河。”

故事微语

陈毅的几个小举动衍射出了他机智、幽默的生活情调，正是因为他的这些生活情调，让他更受欢迎和爱戴。

小举动往往可以衍射出一个人的生活情调，一个眼神、一个表情、一个动作无不透视出一个人的生活品味。慈母的眼神中充满了对孩子的爱意；微笑的表情展示出一个人的和善；紧握的双手透露出了彼此的珍惜和关心。

要想了解一个人，可以从细微处着手，小举动更能衍射一个人的生活情调，于细微处识人能够更快地了解一个人。

心灵箴言

对于那些内心充溢快乐的人们而言，所有的过程都是美妙的。

——[美] 罗莎琳·德卡斯奥

最幸福的似乎是那些并无特别原因而快乐的人，他们仅仅因快乐而快乐。

——佚名

快乐和痛苦从来不会同时降临到一个人身上，但是如果你追求它们中的某一个并且有所体验，你几乎总是不得不体验到另一个，它们就像受同一个大脑指挥的两个躯体一样。

——[古希腊] 柏拉图

将所遇的挫折当做成长的条件

故事话题

有个青年去微软公司应聘，然而该公司并没有刊登过招聘广告。见总经理疑惑不解，青年用不太娴熟的英语解释说自己是碰巧路过这里，就贸然进来了。

总经理感觉很新鲜，破例让他一试。面试的结果让人大跌眼镜，青年的表现很糟糕。他对总经理的解释是事先没有准备，总经理以为他不过是找个托词来掩饰自己的尴尬，就随口应道："等你准备好了再来试吧"。

一周后，青年再次走进了微软公司的大门，这次他依然没能成功。但比起第一次，他的表现要好了很多。而总经理给他的回答仍然同上次一样："等你准备好了再来试吧。"就这样，这个青年先后 5 次踏进微软公司的大门，终于被公司录用，成为公司的重点培养对象。

故事解析

我们的人生旅途不可能总是一帆风顺，有时候也会荆棘丛生；我们追求的风景不可能总是柳暗花明，有时候也会山重水复。也许，我们前行的步履难免沉重、蹒跚；也许，我们需要在黑暗中摸索很长时间，才能寻得到光明；也许，我们虔诚的信念会被世俗的雾霾缠绕，而不能畅游翱翔；也许，我们的灵魂暂时没能在现实中找到可以寄放的净土……

那么，我们为什么不可以以勇敢者的姿势，将我们所遇到的所有的挫折当做我们成长的条件，让我们一步步地走得更高、更远、更好呢？

故事穿越

一位音乐系的学生走进了练琴室。在钢琴上，摆着一份全新的乐谱。“难度太高了……”他翻着乐谱，喃喃自语，感觉自己对弹奏钢琴的信心似乎已经消磨殆尽，再也对弹奏钢琴提不起任何兴趣。

自从被这位新教授授课之后，他就一直持续着这种状态，但他还是拼命地压制着自己的这种情绪，努力地练琴。

琴音遮盖了教室外面教授走来的脚步声。

授课的第一天，大师给自己的新学生一份乐谱。乐谱的难度非常高，学生弹奏得生涩僵滞、错误百出。教授在下课时，叮嘱学生：“还不成熟，回去多加练习！”

学生们练习了一个星期，第二周上课时正准备让教授检查弹奏结果，没想到教授又给他一份难度更高的乐谱。

第三周，更难的乐谱再次出现了。学生每次在课堂上都被一份难度较高的乐谱所困绕，然后把它带回去练习，接着再回到课堂上，重新面临两倍难度的乐谱，却怎么样都追不上进度，一点也没有因为一周的练习而有驾轻就熟的感觉，学生感到越来越不安、沮丧和气馁。

一个月后，教授抽出交给学生的最早的那份乐谱。“弹奏吧！”他以坚定的目光望着学生。不可思议的事情发生了，连学生自己都感到不可思议，他居然可以将这首曲子弹奏得如此美妙、如此精湛！教授又让学生试了第二份乐谱，学生依然呈现出如鱼得水的表现……

演奏结束后，学生怔怔地望着老师，说不出话来。

“如果，我任由你表现最擅长的部分，可能你还在练习最早的那份乐谱，就不会有现在这样的水平……”钢琴大师缓缓地说。

故事微语

我们往往习惯于表现自己所熟悉、所擅长的领域。但如果我们回过头来细细检视，便会恍然大悟：看似紧锣密鼓的挑战，永无歇止而又难度渐升的环境压力，这一切不正是让我们有今日这般能力的源泉吗？如果没有往日所遇到的种种挫折，哪来的日渐成熟的我们？我们应该把我们所经历的挫折当做我们成长的条件，看淡这些挫折，不要因为这些挫折而给我们心理造成阴影。

在取得一定的成就之前，就必须要经过坎坷的路途，我们只要将自己所遇到的挫折当做我们成长的条件，我们便会走的更快、更稳，我们所能达到的高度也将会变得更高。

心灵箴言

对于不屈不挠的人来说，没有失败这回事。

——[德] 俾斯麦

一次失败，只是证明我们成功的决心还够坚强。

——博维

失败也是我需要的，它和成功对我一样有价值。

——[美] 爱迪生

什么叫作失败？失败是到达较佳境地的第一步。

——[美] 菲里浦斯

心灵榜样微史话

苏秦

苏秦（前 347—前 284），字季子，是东周战国时期周王室直属雒阳（今河南洛阳）人，战国时期著名的纵横家，与张仪齐名。为鬼谷子王诩的徒弟。

在苏秦游说六国的过程中，苏秦先是奉燕昭王命入齐，从事反间活动，并且让齐国疲于对外战争，以便自己的复仇行动。后来在齐宣王末期，苏秦担任齐相。秦昭王与齐湣王并称东西帝。苏秦又劝说齐王取消帝号，与赵平原君约五国攻秦，被赵封为武安君。

后来，五国合纵攻秦，终于迫使秦废帝号，归还部分魏、赵两国的土地。在此之后，齐国乘机攻灭宋国。被赵奉阳君行诈，奉阳君被杀后，发动韩、赵、燕、魏、齐诸国合纵，迫使秦国废帝退帝。苏秦凭借着一己之力促成山东六国合纵，让强秦不敢出函谷关十五年，又配六国相印，叱咤风云。后世敬仰其成就，以“苏秦背剑”来命名武术定式，十分形象，通俗易懂，更取其纵横捭阖之意。

李白

李白，（701—762），字太白，号青莲居士，唐代伟大的浪漫主义诗人，被后人誉为“诗仙”。汉族，祖籍陇西成纪，少时随父迁至剑南道绵州昌隆青莲乡。

李白一生喜好云游四方，由于一生中在青莲此地居住时间最久，在青莲的生活也对他的人生观、价值观等有很深的影响，所以后人称之为青莲居士。李白存世诗文千余篇，有《李太白集》传世。

李白生活在盛唐时期，二十五岁时只身出蜀，开始了广泛漫游生活，南到洞庭湘江，东至越州，寓居在安陆、应山。直到天宝元年，李白被召至长安，供奉翰林，后因不能见容于权贵，在京仅两年半，就赐金放还而去，然后由高天师如贵道士授录济南的道观紫极宫。成为一个真正的道士，过着飘荡四方的漫游生活。

杜甫

杜甫，（712—770），字子美，汉族，唐朝河南巩县人，祖籍襄阳。自号少陵野老，唐代伟大的现实主义诗人，与李白合称“李杜”。杜甫在中国古典诗歌中的影响非常深远，被后人称为“诗圣”，他的诗被称为“诗史”。后世称其杜拾遗、杜工部，也称他杜少陵、杜草堂。

杜甫生活于唐朝由盛转衰的历史时期。早期作品主要表现理想抱负和所期望的人生道路。另一方面则表现他“致君尧舜上，再使风俗淳”的政治理想，期间许多作品反映当时的民生疾苦和政治动乱、揭露统治者的丑恶行径，从此踏上了忧国忧民的生活和创作道路。在颠沛流离的生活中，杜甫创作了《春望》、《北征》、《三吏》、《三别》等名作。

杜甫的思想核心是儒家的仁政思想，他有“致君尧舜上，再使风俗淳”的宏伟抱负。杜甫共有约 1500 首诗歌被保留了下来，大多集于《杜工部集》。

沈括

沈括，（1031—1095），字存中，号梦溪丈人，北宋浙江杭州钱塘县人，北宋科学家、政治家。仁宗嘉佑进士，后任翰林学士。

沈括一岁时南迁至福建的武夷山、建阳一带，后隐居于福建的尤溪一带。仁宗嘉祐八年进士。神宗时参与王安石变法运动。熙宁五年提举司天监，次年赴两浙考察水利、差役。熙宁八年出使辽国，驳斥辽的争地要求。次年任翰林学士，权三司使，整顿陕西盐政。后知延州，加强对西夏的防御。元丰五年以宋军于永乐城之战中为西夏所败，连累被贬。晚年在镇江梦溪园撰写了《梦溪笔谈》。我国历史上最卓越的科学家之一。精通天文、数学、物理学、化学、地质学、气象学、地理学、农学和医学。

鲁迅

鲁迅，（1881—1936），伟大的无产阶级文学家、思想家、革命家，浙江绍兴人。

鲁迅原在仙台医学院学医，后从事文艺工作，希望用以改变国民精神。辛亥革命后，曾任南京临时政府和北京政府教育部部员、佥事等职，兼在北京大学、女子师范大学等校授课。1918 年 5 月，首次用“鲁迅”的笔名，发表中国现代文学史上第一篇白话小说《狂人日记》，奠定了新文学运动的基石，后与《药》、《故乡》等小说名篇一同收入小说集《呐喊》。

毛泽东评价鲁迅为伟大的无产阶级文学家、思想家、革命家、评论家、作家，是中国文化革命的主将、中华的精神的发扬人。鲁迅是 20 世纪中国的主要作家，是中国现代小说、白话小说和近代文学的奠基人之一，是新文化运动的领导人、左翼文化运动的支持者之一。

鲁迅一生的著作包括杂文、短篇小说、论文、散文、翻译近 1000 万字，其中杂文集共 16 本。

李鸿章

李鸿章，（1823—1901），晚清名臣，洋务运动的主要领导人之一，安徽合肥人，世人多尊称李中堂，亦称李合肥，本名章铜，字渐甫或子黻，号少荃，晚年自号仪叟，别号省心，谥文忠。

作为淮军、北洋水师的创始人和统帅、洋务运动的领袖、晚清重臣，官至直隶总督兼北洋通商大臣，授文华殿大学士，曾经代表清政府签订了《越南条约》《马关条约》《中法简明条约》等。

日本首相伊藤博文视其为“大清帝国中唯一有能耐可和世界列强一争长短之人”，慈禧太后视其为“再造玄黄之人”，著有《李文忠公全集》。与曾国藩、张之洞、左宗棠并称为“中兴四大名臣”，与俾斯麦、格兰特并称为“十九世纪世界三大伟人”。

达·芬奇

列昂纳多·达·芬奇，（1452—1519），意大利文艺复兴时期的一个博学者。除了是画家，他还是雕刻家、建筑师、音乐家、数学家、工程师、发明家、解剖学家、地质学家、制图师，植物学家和作家。

达芬奇的天赋或许比同时期的其他人物都高，这使他成为文艺复兴时期人文主义的代表人物，也使得他成为文艺复兴时期典型的艺术家，也是历史上最著名的画家之一，与米开朗琪罗和拉斐尔并称文艺复兴三杰。小行星 3000 被命名为“列奥纳多”。

为纪念这位伟大的艺术和科学大师，1928 年在他的故乡成立了

“列昂纳多·达·芬奇博物馆”，之后又成立了“芬奇的列昂纳多博物馆”。在米兰的科学技术博物馆中也有列昂纳多·达·芬奇的专题介绍。

贝多芬

路德维希·凡·贝多芬，（1770—1827），德国著名的作曲家和音乐家，维也纳古典乐派代表人物之一，是“集古典主义之大成，开浪漫主义之先河”的伟大音乐家。

贝多芬创作的作品对音乐发展有着深远的影响，由此被尊称为乐圣。祖父自从二十岁来到波恩就做了那里的乐长。父亲是高音的歌唱家，母亲出身低微，是一个厨子和女佣生的女儿。他一共创作了 9 首编号交响曲、35 首钢琴奏鸣曲、10 部小提琴奏鸣曲、16 首弦乐四重奏、1 部歌剧、2 部弥撒、1 部清唱剧与 3 部康塔塔，另外还有大量室内乐、艺术歌曲、舞曲。他的作品对世界音乐的发展有着非常深远的影响，因此被尊称为乐圣，在世界交响音乐界，有着极其崇高的地位。

亚历山大·弗莱明

亚历山大·弗莱明，出生于苏格兰基马尔诺克附近的洛克菲尔德，是英国的细菌学家。是他首先发现青霉素，后英国病理学家弗劳雷、德国生物化学家钱恩进一步研究改进，并成功的用于医治人的疾病，三人共获诺贝尔生理或医学奖。

青霉素的发现，使人类找到了一种具有强大杀菌作用的药物，结束了传染病几乎无法治疗的时代；从此出现了寻找抗菌素新药的高潮，人类进入了合成新药的新时代。在美国学者麦克·哈特所著的《影响人类历史进程的 100 名人排行榜》中，弗莱明名列第 45 位。

爱迪生

托马斯·阿尔瓦·爱迪生，（1847—1931），世界著名的发明家、物理学家、企业家，拥有众多知名重要的发明专利超过 2000 多项，被传媒授予“门洛帕克的奇才”称号。他是人类历史上第一个利用大量生产原则和电气工程研究的实验室来进行从事发明专利而对世界产生重大深远影响的人。

在美国，爱迪生名下拥有 1093 项专利，而他在美国、英国、法国、德国等地的专利数累计超过 1500 项。

爱迪生是技术历史中著名的天才之一，其中爱迪生的三大发明：留声机、电灯、电力系统和有声电影，丰富和改善了人类的文明生活。

阿道夫·萨克斯

阿道夫·萨克斯，（1814—1894），1814 年 11 月 6 日出生于比利时的迪南。他在 1840 年根据波姆式长笛的原理发明了萨克斯管。萨克斯采用高音谱号，有 #B、#E 调之分。世界第一支萨克斯是上低音 E 调管，当时受到了很多音乐家的认可。人们便以阿道夫·萨克斯的姓来给它命名“萨克斯管”。

1846 年阿道夫本人在法国巴黎开办了一个乐器厂，专门生产萨克斯。他曾先后生产过十四种型号的萨克斯，包括高音、小高音、中音、次中音、低音、倍低音等形状各异的乐器。它既有铜管乐器的嘹亮，又有木管乐器的柔和，所以当时就有很多音乐界人士喜欢这种乐器。一些音乐团体也尝试着启用这种乐器。1853 年法国的军队开始引进萨克斯，随后欧洲的很多国家逐渐启用了萨克斯，这也使萨克斯很快以军乐的形式响誉整个欧洲乃至全世界。

心灵修养用语微解

华丽：1. 指美丽而有光彩。汉荀悦《申鉴•时事》：“不求无益之物，不蓄难得之货，节华丽之饰，退利进之路，则民俗清。”2. 多用于形容服饰，华丽礼服。

细节：1. 不容易起眼的小环节，小事。2. 文艺作品中描绘人物性格、事件发展、自然景物、社会环境等最小的组成单位。细节描写要求真实、生动，并服从主题思想的表达。

欣赏：1. 领略观赏。晋陶潜《移居》诗之二：“奇文共欣赏，疑义相与析。”蒋一葵《长安客话•碧云寺》：“金鲫千头，沟沫水面，投以胡饼，唼咂有声。今上临观，亦为欣赏。”2. 认为好和喜欢。

品味：品尝；体味。各种肴馔。曹禺《北京人》第一幕：“他是一个有名的饕餮，精于品味食物的美恶。”徐迟《哥德巴赫猜想》八：“闵嗣鹤老师却能够品味它，欣赏它，观察它的崇高瑰丽。”

浪漫：意为纵情；烂漫；富有诗意，充满幻想；不拘小节（常指男女关系而言）。出自苏轼《与孟震同游常州僧舍》诗之一：“年来转觉此生浮，又作三吴浪漫游。”张镃《过湖至郭氏庵》诗：“山色棱层出，荷花浪漫开。”

创新：以现有的思维模式提出有别于常规或常人思路的见解为导向，利用现有的知识和物质，在特定的环境中，本着理想化需要或为满足社会需求，而改进或创造新的事物、方法、元素、路径、环境，并能获得一定有益效果的行为。

艺术：古代指六艺以及术数方技等各种技能；特指经术。语出《后汉书•伏湛传》：“永和元年，诏无忌与议郎黄景校定中书五经、诸子百家、蓺术。”《后汉书•伏湛传》：“永和元年，诏无忌与议郎黄景校定中书五经、诸子百家、蓺术。”

惊喜：丝毫不加节制地表露欢乐、热情和惊奇，反义词失落，近义词欣喜。《后汉书·袁敞传》：“臣俊徒也，不得上书；不胜去死就生，惊喜踊跃，触冒拜章。”苏轼《上神宗皇帝书》：“乃知陛下不惟赦之，又能听之，惊喜过望，以至感泣。”

灵性:1. 指人的天赋的智慧；聪明才智。2. 指动物经过训练、驯养后具有的智能，智慧。宋颜延《庭诰》之二：“未能体神，而不疑神无者，以为灵性密微，可以积理，知洪变欻怳，可以大顺。”梁沉约《释迦文佛像铭》：“眇求灵性，旷追玄轸，道虽有门，迹无可朕。”

微笑：是弯曲的嘴两端附近的肌肉所形成的面部表情。在人与人之间，它是一个表达方式，表示愉悦、欢乐、幸福，或乐趣，但也可以是一个焦虑的非自愿性的表达，在这种情况下，它是作为一个鬼脸。微笑是不分文化、种族或宗教，每个人都能理解的，它是国际通用的。

丰富多彩：形容内容丰富，花色繁多。近义词：琳琅满目、五彩缤纷。反义词：寥寥无几、微乎其微、千篇一律、枯燥无味。

与众不同：表示和大家不一样。出处：李汝珍《镜花缘》：“这是今日令中第一个古人，必须出类拔萃，与众不同，才觉有趣。”王充《论衡》：“故富贵之家，役使奴童，育养牛马，必有与众不同者矣。”

轰轰烈烈：轰：象声词，形容巨大的声响；烈烈：火焰炽盛的样子。形容事业的兴旺、也形容声势浩大，气魄宏伟。出处：文天祥《沁园春·题张许双庙》词：“人生欻翕云亡，好烈烈轰轰做一场。”

黯淡无光：昏暗而不明亮。如：“当日出的时候，天上的星星就变得黯淡无光。”出处：文康《儿女英雄传》第三十四回：“头上戴一个黯淡无光的亮蓝顶儿，那枝俏摆春风的孔雀瓴已经虫蛀的剩了光杆儿了。

平平淡淡：质量中等或低于中等水平，普普通通。不张狂。不出奇。出处：钱钟书《围城》：“像现在平平淡淡，情感在心上不成为负担这也是顶好的，至少是顶舒服的。”近义词：普普通通、平平常常。反义词：轰轰烈烈、风风火火。